*Petit remake goods &
interior design made
from Seria*

*Petit remake goods &
interior design made
from Seria*

OMG！超質感！超便宜！

40款 49元
顏值100%手作雜貨

Petit remake goods & interior design made from Seria

46

ive & be merry,
d join with me,
ng sweet chorus

RISUSU
LENIS 24

LA BELLE VIE
PARIS

SCHATTIG
BONHEUR 24

Introduction

我是峰川ＡＹＵＭＩ，請多多指教！

我超愛自己動手ＤＩＹ，

家中的布置裝飾和雜貨都是手作品。

我希望以最少的預算，

打造出最舒適漂亮的生活空間，

從牆面、桌子等大型用品，

到小物收納架、家飾品等小雜貨，

都是我隨意創作而成。

我使用的材料中，

許多都是在49元商店購買的商品！

那裡不只有生活雜貨，

手工藝材料、ＤＩＹ商品也應有盡有。

能激發改造創意、簡約及自然風的商品設計，

也是它吸引人的最大魅力。

以黑白色系統一整體風格，運用蕾絲和古典圖樣，

稍微增添甜美的氛圍，

作品完成後，簡直就像進口雜貨一般。

Introduction

本書將介紹使用49元商店的小物，
進行可愛改造的巧思。
迷人小物收納盒、漂亮裝飾架，
不僅能作為屋裡的重點擺設，
用來收納容易散亂的文具和雜貨也非常實用。
即使手不巧的人，
也能在2～3個小時內完成。
和孩子一起製作也很有趣喔！
那麼，
現在就開始來享受快樂的手作時光吧！

flower tote bag

Before

樸素的托特包

大變身！

變成稍具甜美感
的購物包！

After

作法在P56，Go!

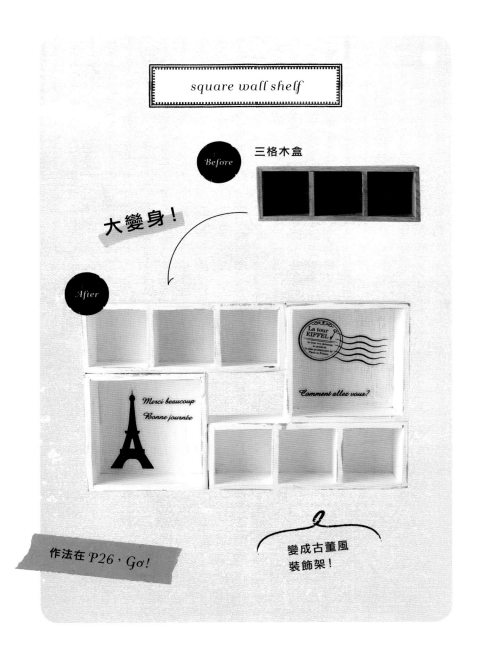

square wall shelf

Before 三格木盒

大變身!

After

Merci beaucoup
Bonne journée

La tour EIFFEL

Comment allez vous?

作法在 P26，Go!

變成古董風
裝飾架!

這些全是用 49 元商品改造的！

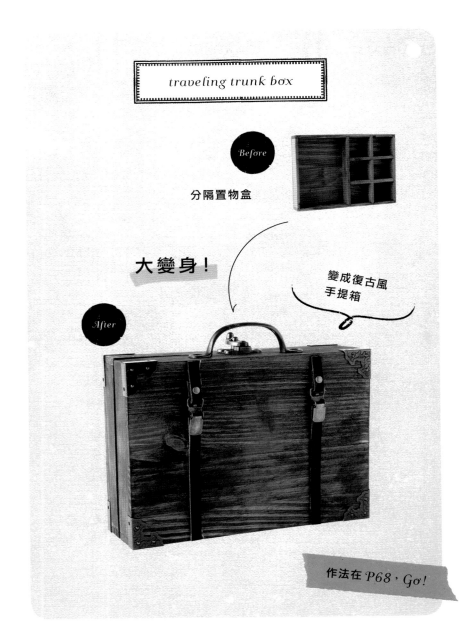

traveling trunk box

Before

分隔置物盒

大變身！

變成復古風
手提箱

After

作法在 P68，Go!

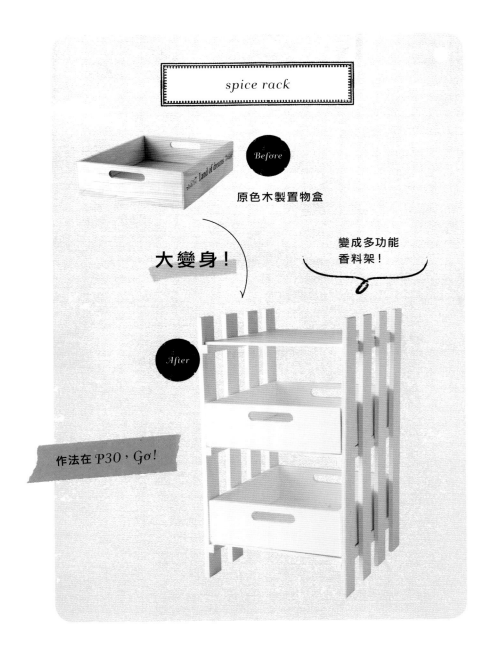

spice rack

Before

原色木製置物盒

大變身!

變成多功能
香料架!

After

作法在 P30，Go!

Contents

Chapter 01

北歐自然風

改造雜貨 &
家飾品

Nordic Natural Style

打造北歐風格的祕訣是
將物品漆成純白色，
並且儘量減少裝飾。
這些簡單卻讓人感到
無限溫暖的創意，
不論任何裝潢風格的房子
都能完美地融入其中。

01 白色仿舊迷你抽屜

small white drawer

改變抽屜的堆疊方式，呈現的感覺也截然不同。像這樣疊成階梯狀，也很漂亮。

復古風拉鈕是小抽屜作品的重點特色

這件作品是將能置於手掌上大小的小木盒，粗略地塗上壓克力顏料，再組合成迷你尺寸的抽屜。

雖然非常簡樸，但塗料斑駁的仿舊感，以及當作作品重點特色的復古風拉鈕，博得來訪賓客的一致好評。

壓克力顏料以塗水彩的感覺來塗繪，它快乾、防水性佳的特質，很適合改造小物時使用。它不需加水稀釋，用毛刷直接沾取少量粗略上色，便能呈現仿舊風格。

材料

- 木製抽取式裝飾盒…6 個 a
- 圓形迷你拉鈕 2P 古銅色…5 個 b
- 固定針 古典紋飾…1 個 c

工具

- 壓克力顏料（白色）
- 毛刷或筆
- 調色盤或小碟
- 錐子或螺絲起子 （也可用電動鑽孔機）
- 瞬間膠
- 木工用白膠

Start

① 將整個抽取式裝飾盒塗上壓克力顏料。

② 用錐子或螺絲起子，在①的 5 個裡盒正中央，鑽出直徑 4mm 的孔（若有電動鑽孔機，也可使用）。

③ 在②鑽好的孔中，插入迷你拉鈕的螺絲釘。

④ 在③的螺絲釘上，裝上表側的拉鈕。

⑤ 在沒鑽孔的抽取式裝飾盒上，插入固定針約 5mm 深，以瞬間膠黏貼固定。

⑥ 組合④和⑤的抽取式裝飾盒，用木工用白膠黏合。

02 型染圖案抱枕

stencil dyeing cushion cover

利用型染技巧，使素面抱枕的質感升級

型染技巧最大的的魅力是，只要依照紙型圖案描繪，即使不會畫畫，也能完成印刷般的圖案。

活用天然麻布的質感，抱枕套能呈現帶點涼爽感的客製化風格。

紙型如果不是要重複使用，不用專用的模板也可以。若用厚紙，影印好圖案便可直接使用，十分方便。壓克力顏料經過洗濯，顏色會變淡，顏料中需混入布用底劑，幫助定色。

除了抱枕這個居家布置的重點單品能夠應用外，在捲簾、環保袋等用品上型染圖樣，也很漂亮。

材料

- 亞麻布抱枕套…1 個 **a**
- 厚紙…1 張
  （預先影印好型染圖案）

工具

- 美工刀
- 油性筆
- 壓克力顏料（黑色）
- 布用底劑
  （fabric medium；布用定著劑）
- 調色盤或小碟
- 型染筆

Start

1 在厚紙上影印圖案，用美工刀裁空，製作紙型（參照 P119）。

3 在調色盤或小碟上，擠上壓克力顏料和等量的布用底劑混合。

2 將 **1** 放在抱枕套上，用油性筆描摹輪廓。為避免紙型移位，用紙膠帶黏貼固定。

4 用型染筆沾取 **3**，在紙型上如敲擊般上色。拿掉紙型，放在室溫中充分晾乾。

03 小藥箱

small medicine chest

small medicine chest

組合兩個木盒，變成藥箱般的木箱

將兩個同大小的盒子相對組合起來，以鉸鏈固定，外形變得像藥箱一樣。漆成白色後，就像是真正的古董醫藥箱了。它可以用來收納OK繃、眼藥水等常備藥，也可以當作文具盒。

安裝鉸鏈時，訣竅是在兩側接合的盒子之間，保留約一張紙厚度的小縫隙。如此一來，木盒正面才能充分密合。經過仔細測量，將把手安裝在箱蓋的正中央，拿起箱子時才不會歪傾。標籤牌雖然背面有貼紙，但是要貼在塗過顏料的材質上時，還是用接著劑黏合，比較牢固安心。

材料

- ·木製分隔盒…2 個 **ⓐ**
- ·鉸鏈 22mm6P
  古銅色…2 個 **ⓑ**
- ·把手 93mm
  古銅色…1 個 **ⓒ**
- ·拱形箱釦
  古銅色…1 個 **ⓓ**
- ·復古標籤牌
  小 2P…1 個 **ⓔ**

工具

- ·壓克力顏料
- ·毛刷或筆
- ·調色盤或小碟
- ·瞬間膠
- ·螺絲起子

Start

將作為蓋子側的分隔盒的內側隔板拿掉。

將 **❶** 和另一側的分隔盒塗上壓克力顏料。訣竅是粗略塗刷，刻意留下毛刷的刷痕。

將 **❷** 面對面組合，用瞬間膠暫時黏上鉸鏈，再旋入螺絲釘固定。

在 **❸** 的盒蓋上，用瞬間膠黏上把手。

在鉸鏈另一側的正面，用瞬間膠黏上箱釦。

在箱釦的左下方，用瞬間膠貼上標籤牌。

04 純白花器

pure white planter

在空罐上彩繪或運用蝶古巴特技法製成小花器

即使塗上同樣的白色壓克力顏料，銀色鐵罐會變成泛青的純白色。這個作品我是用英文報紙製作成的標籤當成重點，不過你也可以剪下自己喜愛的照片或插畫使用。

圖片標籤以蝶古巴特的技法拼貼，就算弄濕也不會脫落，所以盆栽也能裝飾在陽台或玄關。為了澆水所需，罐底一定要打洞，請先鋪入底網，以免澆水後流失培養土。

空罐即使形狀、大小互異，上色後，只要以蝶古巴特技法加上裝飾，便能呈現整體感。建議你事先規劃設計，運用各式各樣的空罐變換花樣。在空罐中種入香草植物，排列在廚房的窗邊當成裝飾，也很可愛。

材料

- ·復古桶型置物罐…1 個 **ⓐ**
- ·仿古報紙 3P…1 張 **ⓑ**
- ·蝶古巴特專用膠 20ml…1 個 **ⓒ**

工具

- ·壓克力顏料（白色）
- ·毛刷或筆
- ·調色盤或小碟
- ·開罐器
- ·剪刀
- ·底網
- ·個人喜歡的盆栽

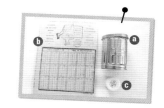

Start

用開罐器在**❸**的底部挖出 2 個洞。

取下桶型置物罐的蓋子，在罐體塗上壓克力顏料。

將底網剪得比**❹**的底面積約小一圈，鋪在罐底。

從仿古報紙上剪下想使用的標籤部分。

將喜歡的盆栽連土一起放入罐中。如果土不夠，添加市售的土補足即可。

待**❶**乾燥之後，用蝶古巴特專用膠貼上**❷**，再用蝶古巴特專用膠塗覆整體表面（參照 P118）。

譯註：

蝶古巴特，原文 Decoupage，一種裝飾藝術，將報紙、雜誌或餐巾紙剪下個人喜愛的圖案，藉著專用溶劑附著於各種材質的家飾上，增加家飾品美感的裝飾方式。

05 附掛鉤收藏盒

display box with hooks

外觀像小裝飾品，也適合用來收納小物

看到精巧可愛的迷你雜貨我常忍不住買下，朋友也送我許多這類的禮物，因此東西不斷增加。

我本來都整理收藏在箱子裡，但為了漂亮地展示喜愛的雜貨，我製作了這樣的收藏盒。為避免雜貨掉落，盒子正面我還費心貼上板子作為護欄。製作所需的木板尺寸可以告知 DIY 量販店，請他們代為裁切。盒裡還安裝了掛鉤，能可愛地吊掛附帶子的小飾品。

這個收藏盒能漂亮展示常散亂各處的小物，除了裝飾在客廳外，我也常用來布置女兒的房間。

材料

- 木製壁盒　方形…1 個 **a**
- 復古標籤牌小 2P…1 個 **b**
- 迷你掛鉤　古銅色…1 個 **c**
- 檜木料或輕木
  厚 0.8cm× 寬 2cm× 長 12.8cm
  （可請 DIY 量販店代為裁切）

工具

- 木工用白膠
- 壓克力顏料（白色 · 黑色）
- 毛刷或筆
- 調色盤或小碟
- 瞬間膠

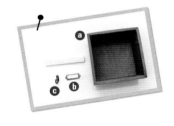

Start

在標籤牌和迷你掛鉤塗上壓克力顏料（黑色）。

在木盒上用木工用白膠黏上檜木料或輕木。

待 ❸ 乾燥之後，用瞬間膠黏貼在 ❷ 上。

在 ❶ 塗上壓克力顏料（白色）。

打造北歐
自然風角落的重點

我家不使用五彩繽紛的北歐色彩，
而是以白色為基調，
再混搭黑色與咖啡色。
並且將沒有過度裝飾、
略簡樸的方形小物排列在一起，
我覺得這樣的布置蠻能展現北歐風情。

Point

間接照明能使室內陳設
更有情調。細瑣的文具
收納在小盒子裡，讓空
間顯得清爽。

DIY製作完成的壁掛
架，下層調整成適合
P.14仿舊迷你抽屜的尺
寸。白色木板牆壁也是
DIY的作品。

只要疊放漆成白色的
木箱，就能打造出如
此漂亮的小角落。插
上庭園花卉，還能享
受季節之美。

以4個木盒組合而成，個性十足的開放式置物架

　　我將2種不同造型有趣的置物架。木盒交錯組合，完成這個造型有趣的置物架。木盒塗上壓克力顏料後，用砂紙打磨，表現出使用過的陳舊感，再貼上壁貼作為重點特色。如果貼上喜愛圖樣的貼紙也OK，但盡量只選黑色圖樣，整體風格才顯得清爽。

　　這個置物架我主要是放在吧台或書架上面，所以用木工用白膠來黏貼固定木盒，不過若要掛在牆上使用，用螺絲釘固定會比較牢固放心。

材料

- 木製壁盒…2個 a
- 木製分隔置物盒…2個 b
- 巴黎圖案壁貼…1個 c

工具

- 螺絲起子
- 木工用白膠
- 壓克力顏料（白色）
- 毛刷或筆
- 調色盤或小碟
- 砂紙

Start

用螺絲起子拆下方形木製盒的掛鉤。

如圖所示，將❶和分隔置物盒組合，用木工用白膠黏貼。

在❷上粗略地塗上壓克力顏料。

待❸乾燥之後，用砂紙打磨邊角，稍微磨掉顏料。

在❹貼上喜歡的壁貼。

06 方格置物架

square wall shelf

07 紙雕畫燈罩

shadow picture lamp shade

用防霧貼紙，
讓燈罩展現童話風情

童話般街景的圖案，原本是貼在窗戶上用來吸收霧氣的貼紙。

我在店裡看到這個超可愛的圖案時，左思右想該如何善加利用，最後試著將它貼在燈罩上。只要一開燈，柔和的光線映照出屋子與森林，呈現紙雕畫般的氛圍。

吸水貼紙無法緊貼在燈罩上時，在貼紙面各處劃些刀痕再黏貼，會貼得更牢固。此外，若貼在開燈後會變熱的白熾燈的燈罩上，恐怕會有失火的危險，所以請務必使用 LED 燈。

材料

· 防霧貼紙　街道房屋圖 3片裝…1片 **ⓐ**
· 燈罩型檯燈
（請務必使用 LED 燈）

工具

· 剪刀
· 木工用白膠

※防霧貼紙為秋冬的季節性商品。

Start

配合燈罩的外圍長度，剪裁防霧貼紙。

在燈罩塗上木工用白膠，貼上❶。

用剪刀剪下多餘的貼紙，別忘了黏貼雲朵、星星等附屬部分。

放在廚房超實用的 簡單置物架

我時常用架板製作置物架，這次的製作重點是將架子裡的置物盒設計成抽屜式。塗成白色後，就成了簡約風格的置物架。

組裝時，先用接著劑暫時固定，再用螺絲釘確實地鎖緊，會比較方便作業。

這個置物架放在我家廚房，用來收納香料和胡椒等調味料，實用度很高。不過，抽屜只是放在板子上而已，所以拉出時請小心，以免東西掉落。瓶子等比較重的東西，請放在最下層比較穩當。

材料

- 梧桐木架板 40×25cm **a**
- 木製收納盒 3 尺寸
  套裝組（大）…2 個 **b**
- 三夾板
  25cm×21.5cm…3 片
  （可請 DIY 量販店代為裁切）

工具

- 壓克力顏料（白色）
- 毛刷 · 小筆
- 小碟
- 木工用白膠
- 螺絲釘 12個
- 螺絲起子（也可用電動鑽孔機）

將架板、木製收納盒和三夾板塗上壓克力顏料。

將❶的架板腳塗上木工用白膠，如圖示般黏上三夾板。

用螺絲釘固定❷的 4 個地方。

以相同方法將剩下的三夾板固定在架板腳上。

用壓克力顏料塗覆❹的螺絲釘。

將❶的木製收納盒放入❺。

Start

08 香料收納架

spice rack

09 附窗框相框

window photo frame

將 2 種相框改造成窗框造型

大相框的縱邊和小相框的橫邊剛好等長。我靈機一動想到在小相框貼上呈十字型的窄幅木條，就能形成窗框的造型。檜木條在DIY量販店或超市的DIY區等地方都能購得，用美工刀也能裁切，很方便處理。

這個相框剛好可以放稍大的2L版（5×7吋）照片，不過也能用來放喜歡的圖畫明信片，或享受拼貼多張小照片的樂趣。不過，須注意窗框並不能闔上。

材料

- 古木色調 復古相框
  2L 象牙白…1 個 **ⓐ**
- 木製相框
  法國圖案…2 個 **ⓑ**
- 鉸鏈 22mm 6P
  古銅色…4 個 **ⓒ**
- 檜木條
  厚 0.2cm× 寬 1.5cm× 長 44cm

工具

- 美工刀
- 瞬間膠
- 壓克力顏料（白色）
- 毛刷、小筆
- 調色盤或小碟

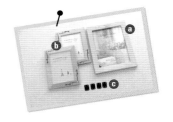

Start

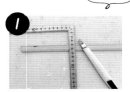

I 拆掉小相框的壓克力板和底板，配合縱、橫邊的長度，用美工刀各切出 2 根檜木條。

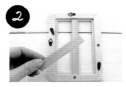

2 在相框的背面，用瞬間膠將❶呈十字型黏貼。

3 將❷並排在大相框的兩側，用瞬間膠黏上鉸鏈連接起來。

4 拆掉大相框的壓克力板和底板，將整體塗上壓克力顏料。

如果將鉸鏈用螺絲釘固定，會更穩固。若鎖上螺絲釘，螺絲釘也要塗成白色喔！

10 小物鐵網架

wire frame accessory holder

飾品展示收納及日用小物的暫時放置處

這個鐵網你覺得原來是什麼用途呢？其實它是用來烤魚的拋棄式烤網。它的網目用來吊掛頂鍊、耳環等飾品，大小剛好，我試著將它貼在畫框中，竟然大受家人和朋友的好評！它除了能掛飾品外，使用Ｓ鉤，就能吊掛各式各樣的東西。

我將畫框的底板放在鐵網上，用油性筆畫出輪廓後，再用尖嘴鉗照線條裁剪。我沒料到剪起來很費力，找男性朋友代勞或許比較輕鬆，不過我是自己來（笑）。將鐵網放在畫框上，產生多處不服貼，需用曬衣夾夾住固定，直到接著劑乾燥為止。

材料

- 木製畫框　色紙框⋯1 個 **a**
- 拋棄式烤網⋯1 個

工具

- 尖嘴鉗
- 接著劑
- 壓克力顏料（白色）
- 毛刷或筆
- 調色盤或小碟

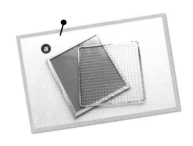

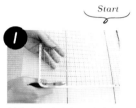

拆掉畫框的底板，依畫框尺寸用尖嘴鉗剪下烤網的鐵網部分。

也拆掉畫框的壓克力板，用接著劑黏貼**❶**，用曬衣夾固定，直到接著劑乾燥。

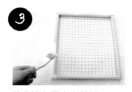

將**❷**塗上壓克力顏料。

材料

· 標籤貼紙　復古圖案
· 果醬的空瓶

// 迷你花瓶

mini flower vase

Start

① 空瓶清洗乾淨後，撕掉標籤。

② 再貼上新的標籤貼紙。

在廚房吧台或窗邊
打造綠色小天地

我不只是用市售現成的漂亮花瓶，也大膽使用優酪乳或果醬空瓶來插花，沒想到竟然如此漂亮。

舊標籤難以撕除時，可用吹風機加熱一下黏貼處，再泡水幾個小時就能輕鬆去除。

瓶上直接黏貼標籤不耐水，但用蝶古巴特技法黏貼後，即使弄濕也OK。也能放在戶外使用(參照 P.118)。

Chapter 02

黑白時尚風

改造雜貨 &
家飾品

Modern Monotone Style

去除多餘的裝飾，
僅單純使用黑色與白色。
如果均勻上色、
不留毛刷的刷痕，
完全漆成黑色或白色，
則能展現時尚、
有整體感的居家風格。

Chocolate Modern Monotone Style

12 黑色方格裝飾架

black square display rack

不論掛在牆上或放在桌上都超實用

這件作品使用的材料，是有小正方形隔層的3格收納盒。因為盒子多少有點歪斜，所以黏合後會有縫隙。只要在接縫處貼上細長邊材遮蓋，還能不著痕跡地突顯重點特色，可謂一舉兩得。貼上標籤後，則能呈現帥氣的男性風格。

我建議你可以貼上喜愛的壁貼，或是參考:P.106裝飾上迷你掛旗。

在我家是用釘子將它固定在樓梯側牆上，作為小飾品的收藏架，若不想在牆上鑽孔，直接放在桌子或架子上也很漂亮。霧黑的顏色，能將放在裡面的小裝飾襯托得更加出色。

材料

· 木製分隔盒…4個 ⓐ

· 檜木條
  厚 0.2cm× 寬 1.5cm× 長 72cm

工具

· 木工用白膠

· 美工刀

· 壓克力顏料（黑色）

· 毛刷或筆

· 調色盤或小碟

Start

③
將②塗上壓克力顏料。

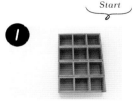
①
如圖示般用木工用白膠將分隔盒黏貼組合起來。

④
影印書末的標籤後剪下，用木工用白膠黏貼在③上。

②
配合①的寬度，用美工刀裁切檜木條，用木工用白膠黏貼在分隔盒的接縫處。

tin can box

將白鐵盒上色，
呈現出有個性的質感

這件作品使用具有復古、時尚感的方形白鐵盒。我塗上霧面黑的壓克力顏料，用來收納兒子的小東西。貼在上面作為標籤的英文報紙，我挑選偏男性風格的部分，但如果選用較柔和的圖樣，則適合女孩使用。

上色的訣竅是用筆沾取大量的壓克力顏料，朝同一個方向塗繪。盒子使用過後即使顏料變斑駁，能呈現另一種美感。內側我刻意不上色，展現白鐵原有的復古氛圍。

已上色的鯖魚罐收納盒。因盒形不同，呈現截然不同的氛圍。

材料
· 長方形白鐵盒…1個 ⓐ
· 仿古報紙3P…1張 ⓑ

工具
· 壓克力顏料（黑色）
· 毛刷或筆
· 調色盤或小碟
· 剪刀
· 白膠

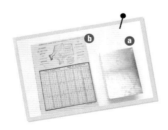

Start

1 將白鐵盒塗上壓克力顏料。

2 剪下仿古報紙中想使用的部分，用白膠貼在❶上。

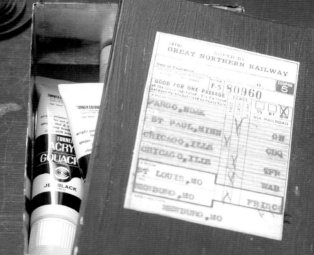

13 白鐵收納盒

tin can box

Come
live & be merry,
and join with me.
To sing sweet chorus

Chapter2 Modern Monotone Style

14 黑白風
掛旗

black and white garland

利用英文報紙，製作不過度甜美、稍微有個性的裝飾

給人可愛印象的掛旗，若用英文報紙製作的話，就變成這件作品的感覺。不會太過甜美，能夠恰如其分地妝點屋內一隅。將外文雜誌黑白影印後，用來製作也OK。

為了讓作品牢固，我將一張英文報紙對摺成雙層後再使用。先摺半成為細長條，再摺出四等份的摺痕，這樣不用直尺，也能裁剪出尺寸大致相同的三角形。穿入繩子時，將紙繩穿入事先摺好的摺痕中後，以釘書機固定，很方便。這個時候，以釘書機固定時，請小心別釘到繩子。

材料
- 仿古報紙 3P…2 張 ⓐ
- 紙繩 10 號白色 50m…2.5m ⓑ

工具
- 木工用白膠
- 美工刀

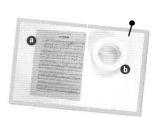

Start

4

以❸的摺痕作為底邊，剪出三角形。

1

仿古報紙分別對摺，再摺成 8 等份。

5

在❹的摺痕中穿入紙繩，用釘書機固定。

2

沿著❶的摺痕用剪刀剪開，製成 16 片長方形。

3

將❷的短邊翻摺約 2cm。

15 附黑板文具盒

stationery box with a blackboard

加上能書寫的背板，實用性大大升級

這個文具盒我用來收納兒子書桌上散亂的文具和小玩具。盒子很可愛，但是我還加上一片黑板作為背板，當作這個作品的特色。

只要漆成白色，貼上標籤就變得很可愛，但是我還加上一片黑板作為背板，當作這個作品的特色。

不僅外觀更時尚，也能收納一些無法豎放的筆記本。如果只加上背板顯得有點普通，所以我再加上小飾品點綴。這樣除了能呈現立體感，還能不著痕跡地做出重點特色。

因為背板採用黑板製作，能用粉筆記事或留言。只要有這項利器，應該不會再忘東忘西了！

材料

- ・鄉村風木盒 法國圖案（L）⋯1 個  **a**
- ・古董風縫紉機飾品⋯1 個 **b**
- ・迷你黑板⋯1 片 **c**

工具

- ・壓克力顏料（白色）
- ・毛刷或筆
- ・調色盤或小碟
- ・接著劑
- ・木工用白膠

Start

1

將鄉村風木盒塗上壓克力顏料。

2

縫紉機飾品也塗上顏料。

3

待❷乾燥之後，用接著劑黏在迷你黑板上。

4

將❶塗上木工用白膠，黏上❸。

5

影印書末的標籤後剪下，用木工用白膠貼在❹上。

Modern Monotone
Style

打造黑色基調的
時尚別緻空間

樓梯的側牆及六年級大兒子的房間，
都是以黑色為基調的空間。
另外不使用花卉或蕾絲，
只挑選比較有個性的作品來擺設。

Point

圖中是大兒子的房間。我
將好友送的露營桌，塗黑
後改裝成書桌。看起來
像樓梯的右側格板，是
DIY 製作的小閣樓，如秘
密基地般的空間，深得
孩子們的喜愛。

分別將樓梯側牆的下半部漆成黑色，上半部則漆成白色。在黑色牆面掛白色裝飾架，白色牆面掛黑色裝飾架，非常具有時尚感。

三片並排的裝飾框，我只將從 IKEA 購入的布料裝入框而已。事實上，這樣擺放是為了遮蓋牆壁上的塗鴉。

16 餐具掛鉤
迷你展示盒

display box with cutlery hooks

將甜美感的物件
變身時尚個性風格

湯匙和叉子造型的掛鉤實在太可愛了，我一時衝動買了下來。

為了運用它們，我構想做出這件作品。非要說的話，我構想做出這件作品，它可以說是只放筆筒或空瓶就很時尚的展示架。雖然掛鉤偏可愛風格，但製作成黑白色系後，出乎意料地充滿個性。

如果只掛吊飾或鑰匙等輕量的物件，掛鉤不必用螺絲釘固定，只用接著劑黏貼也無妨。若是要掛比手機還重的東西的話，就得用螺絲釘固定。

材料

- 木製收納盒 3 尺寸
  套裝組（小）…1 個 ⓐ
- 復古風掛鉤
  餐具樣式 2P…1 組 ⓑ

工具

- 壓克力顏料（白色・黑色）
- 毛刷或筆
- 調色盤或小碟
- 接著劑
- 木工用白膠

Start

1 將木製收納盒塗上壓克力顏料（黑色）。

3 待❷乾燥之後，用接著劑黏貼在❶上。

2 將餐具樣式掛鉤塗上壓克力顏料（白色）。

4 影印書末的標籤後剪下，用木工用白膠貼在❸上。

17 黑 & 白裝飾板

black and white wall display

用膠帶貼上條紋圖案，完美改造黑板

簡約的黑白色系，利用壁貼就能轉變成稍微甜美的風格。如果使用膠帶製作的話，不必先打底稿，就能輕鬆完成漂亮的條紋圖案。

黏貼的訣竅是保留和膠帶等寬度的間距，拉平膠帶後再黏貼。

為了不讓作品過於單調，我在右側加貼一個木盒蓋，稍微增加立體感，沒有外框也能漂亮裝飾。

剩下的盒子主體也可以塗成白色或黑色，再貼上書末的標籤，請你試著改造看看吧！

材料

- 木盒附蓋…1個
  （僅使用盒蓋）**ⓐ**
- 迷你黑板 **ⓑ**
- 膠帶 白色 3P
  19mm×10m…1m **ⓒ**
- 壁貼
  愛麗絲圖案 **ⓓ**

工具

- 壓克力顏料（白色）
- 毛刷或筆
- 調色盤或小碟
- 剪刀
- 木工用白膠

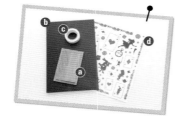

在**❸**的無條紋側，用木工用白膠貼上**❶**。

將壁貼保持畫面平衡地貼在**❹**上。

Start

將木盒蓋塗上壓克力顏料。

在迷你黑板的半邊貼上膠帶。如果沒有把握整齊黏貼，也可以先畫上和膠帶等寬的橫線，作為黏貼的基準。

為了覆蓋**❷**的條紋邊端，依圖示縱向貼上膠帶。

將黏貼、放置、吊掛功能
整合成一體的實用好物

外觀像黑板的黑色背板，是能用圖釘釘上便條紙的軟木塞板。加裝上能放置小物的牆面擱板，以及方便的壁鉤，就成為這件實用好物。軟木塞板背面還貼上三夾板。因為這個作品具有一定的重量，用螺絲釘牢牢地固定在牆上使用，比較耐用。

使用厚 3mm 的三夾板就很足夠。在 DIY 量販店購買後，可委託切割成所需的尺寸。因軟木塞板外框部分最後會塗成白色，所以塗黑色壓克力顏料時，多少塗到外框也沒關係。

Start

1

用螺絲起子拆掉牆面擱板背面所附的掛環。

2

也以相同方法，拆掉木製壁鉤的掛環。

3

將三夾板塗上木工用白膠，貼上軟木塞板。

材料

- 牆面擱板…2 根 **ⓐ**
- 木製壁鉤 4 鉤型…2 個 **ⓑ**
- 軟木塞板 長方形…1 片 **ⓒ**
- 變形裝飾數字板…2 片 **ⓓ**
- 三夾板 10cm×53cm
  （可請 DIY 量販店代為裁切）

工具

- 螺絲起子
- 木工用白膠
- 壓克力顏料（黑色 · 白色）
- 毛刷或筆
- 調色盤或小碟
- 瞬間膠

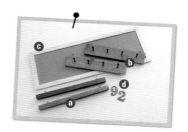

將❻的邊緣、牆面擱板和壁鉤塗上壓克力顏料（白色）。

在❸的軟木塞板下側，用木工用白膠貼上❶的牆面擱板。

將數字板塗上壓克力顏料（白色）。

在❹的牆面擱板下側，用木工用白膠貼上❷的壁鉤。

待❽乾燥之後，用瞬間膠貼在❼上。

在❺的軟木塞部分塗上壓克力顏料（黑色）。

擺在桌子的側邊，每天都超實用！

Chapter 03

甜美
古典風

改造雜貨 &
家飾品

Sweet Antique Style

本章作品的設計呈現
法國鄉村田園風，
且帶有懷舊復古感。
打造甜美外觀的訣竅是採用
大量的蕾絲與花朵圖樣裝飾。
能使室內陳設洋溢
溫馨柔和的氛圍。

19 購物包

flower tote bag

別上具有份量的花飾，放入鑰匙的飾品，使其成為包包的重點。

以蕾絲和胸花裝飾，讓托特包散發甜美感

49元商店販售各式各樣的包包，樣式都很簡單，我常在素面包加上蕾絲或胸花進行改造。這款不織布的托特包具備大容量，除了能當作購物袋外，外出遠行時也能使用。

配合包包原有的圖案，包包設計的重點是加上復古風鑰匙小飾品。不使用五顏六色的蕾絲和胸花，利用偏白色的色系創造整體感，使包包完成後呈現自然的鄉村風格。

材料

- 橫長形托特包…1個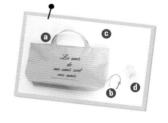
- 手工 附鍊條飾品 鑰匙造型…1個
- 手工 緞帶花（白色）…20cm
- 胸花 花卉 附蕾絲…1個
- 編織蕾絲…1片

工具

- 針和線

Start

3 在❷的旁邊縫上胸花。

1 將飾品鍊綁在托特包的提把上。

4 在❸的另一側提把下方，縫上編織蕾絲。

2 將緞帶花適當地收攏成圓形，縫在❶的周圍。

塗成白色後，呈現不同於塑膠的厚重質感！

我花49元買下這款充滿巴洛克風情的相框。它的材質雖然是輕質塑膠，但是塗成白色後，變成好像石膏般的古典風格。改造要訣是挑選原本是黑色的相框。上色時，框上細緻的花樣，有些地方會滲入原本是黑色顏料，有些部分則會殘留黑色，這樣反倒能呈現古典氛圍，所以不必介意沒塗到的地方，流暢地上色即可。

在裝飾框中我放入一張舊外文書的書頁，不過放入英文報紙也行。紙張隨著時間逐漸自然泛黃後，感覺會更有韻味。

材料

- 阿拉伯圖樣相框 S（黑色）…1個 **a**
- 手藝用蕾絲 天然花飾…10cm **b**
- 蕾絲裝飾片…1片
- 舊外文書…1頁

工具

- 壓克力顏料（白色）
- 筆或毛刷
- 調色盤或小碟
- 鉛筆
- 剪刀
- 接著劑

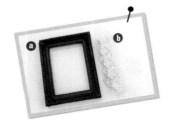

拆掉相框的壓克力板和底板，塗上壓克力顏料。

將❶拆下的相框底板放在外文書上，用鉛筆畫出輪廓線。

用接著劑將蕾絲裝飾片貼在❸上。依照相框的內側尺寸，用剪刀剪裁手藝用蕾絲，再黏貼上去。

沿著❷的輪廓線，用剪刀剪下外文書頁。

將壓克力板裝上相框，放上❹和底板加以固定。

20　歐洲風裝飾框

European style frame art

21 串珠燈罩

crystal beads lamp shade

「擁有專屬自己的生活色彩，讓家鋪滿幸福的顏色。」

我們每月從日本直輸入1001項以上新產品，
專賣給您「物超所值」、「具到窩」、「挑款」
等...多元化色彩的生活提案。

在 icolor 可以找到您所喜歡的各種風格產品，

讓具有異國色情的色彩小物融入到家中的每個角落，

在平日的生活之中都能感受到色彩的幸福魔力。

Color Your Life

板橋新埔店

捷運4號出口 | 新埔捷運2號出口
文化路二段
遠東銀行 | 新埔捷運3號出口 | 民生路 | 64快速道路 | 民生路 | 新埔捷運1號出口 | 民生路

新北市板橋區文化路一段360號B1-17
TEL：(02)2254-2398

板橋愛貝店

仁愛路 | 豫章工商 | 萊爾富
四川路
遠東路 | 玉山銀行 | 遠東新世紀 | 高鐵富路

新北市板橋區四川路一段389號
TEL：(02)2955-5729

桃園家樂福店

往南 | 中山高速公路 | 長榮貨櫃場
中正路 | 經國路 | 敏盛醫院 | 春日路
往桃園

桃園市經國路369號B1
TEL：(03)316-0652

新竹大潤發店

武陵路
東大路 | 滿雅路
水田街 | 滿雅街
經國路

新竹市滿雅街97號2樓
TEL：(03)531-4162

詳情請上官網 / Facebook 查詢

用鐵絲籃和串珠製作燈罩

這個具有浪漫蕾絲花樣的鐵絲籃，讓我一見傾心。不過拿來作為盆栽花器我覺得有點無趣，於是大膽地把它上下翻轉改造成燈罩。將它罩在DIY量販店購買的燈泡上，室內便呈現歐洲鄉村風的居家氛圍。

我用釣魚線一邊串串珠，一邊纏繞在籃子邊角，以這樣的感覺來裝飾。我購買的是附電線燈座的關係，隨意固定在籃子上也沒燈泡組。我購買的是附電線燈座的關係，所以籃底鐵絲需剪成能通過燈座的大小。

燈罩完成後，先將燈座穿過燈罩，再從內側裝上電燈泡。

材料

- 珍珠串珠 8mm　白色…約 30 個  ⓐ
- 珍珠串珠 4mm　白色…50～60 個 ⓑ
- 16 面切割串珠　透明水晶 3mm …約 180 個 ⓒ
- 釣魚線 3 號…2m 以上 ⓓ
- 古典鐵絲籃　方形…1 個 ⓔ

工具

- 尖嘴鉗
- 瞬間膠

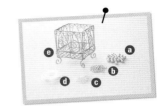

Start

---

⑤

重複②～④的步驟，纏繞籃子一圈後，將釣魚線在邊角打結，用瞬間膠固定。籃子底部也同樣地固定好串珠。

③

串珠達到一個邊長的長度後，將釣魚線捲纏籃子邊角 2 圈固定。

①

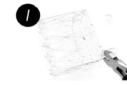

用尖嘴鉗剪掉鐵絲籃的腳。

---

⑥

在⑤的底部，用尖嘴鉗剪斷要通過燈座的鐵絲。穿入燈座後，從籃子裡面裝上燈泡。

④

將③的釣魚線再依序穿入 2 個透明串珠、1 個小珍珠串珠、2 個透明串珠、1 個大珍珠串珠。最後穿入 1 個透明串珠後，隨即反向穿入上一顆的大珍珠串珠中，從邊角繞出釣魚線。

②

裁好 70cm 長的釣魚線。一端牢牢地綁在籃子邊角，再依序穿入 2 個透明串珠、1 個小珍珠串珠、2 個透明串珠、1 個小珍珠串珠、2 個透明串珠、1 個大珍珠串珠。

用蠟 + 顏料演繹
舊木材的感覺

我也非常喜愛園藝工作。自己動手建造小倉庫，或用磚塊製作立式水龍頭等，享受DIY的樂趣。這個介紹的也是其中一項作品。這裡附有收納工具盒的立式掛鉤，設置在庭園的正中央，剛好作為園中的重點特色。放置在大門口或陽台，我想一定也很棒。

板材的使用訣竅是先塗上家具用蠟作為底漆。塗抹後，板材紋理能直接染成自然的咖啡色，再重疊塗上白漆，以呈現舊木材般的古樸風格。我為了讓它和庭園的綠色融合，不使用純白的壓克力顏料，而使用「乳膠漆」這種自然塗料，使板材展現柔和的乳白色。掛鉤和箱子請用螺絲釘牢牢地固定。

材料

- 鄉村風木盒
  古典風（S）…1個 **a**
- 原色木板（SPFx8材）
  厚2cm×寬18.4cm×長110cm
  （可請DIY量販店代為裁切）
- 古典風掛鉤…1個

工具

- BRIWAX 蠟
  （家具用蠟 參照 P.117）
- 餐巾紙
- 工作手套
- 乳膠漆 Yellowish White
  （乳白色的自然塗料 參照 P.117）
- 毛刷
- 錐子或螺絲起子
  （也可用電動鑽孔機）
- 螺絲釘…3個

Start

1

將2～3張餐巾紙重疊，對摺再對摺，沾取 BRIWAX 蠟，將原木板塗上一層底漆。因蠟具刺激性，作業時務必戴上工作手套。

2

待**1**乾燥之後，塗上乳膠漆。粗略塗覆，稍微保留些木紋比較美觀。

3

用螺絲釘將鄉村風木盒固定在**2**上。如果沒有電動鑽孔機時，用錐子或螺絲起子鑽孔，再穿入螺絲釘，以螺絲起子固定。

4

用螺絲釘將掛鉤固定在**3**上。和**3**相同方法，用電動鑽孔機或螺絲起子固定。

22 花園掛鈎

garden hook rack

Avoir de la grâce

LA BELLE VIE PARIS

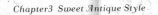

23 娃娃屋

miniature doll house

並排古典風格裝飾品，製作而成的大人系娃娃屋

我超感謝能夠發現白色可愛的迷你門飾品，心想它應該能用來製作娃娃屋吧！

只要將迷你門黏上附有壓克力盒蓋的收藏盒，便能呈現房屋的感覺，再加上屋頂的話，就成為圖中房屋的造型。

小屋裡若要放入手作家具，得花數週的時間製作，所以我直接排放迷你裝飾品，完成這個宛如廚房的小娃娃屋。房子裡沒有擺放小人偶，散發比較成熟的大人風格。

裝飾品的色系採黑、白各半，我覺得能維持整體的平衡感。

材料

- ·木製收藏盒 標本盒…1 個 **a**
- ·木製分隔盒 3 格 原色…2 個 **b**
- ·展示板 木釘式…1 個 **c**
- ·鉸鏈 22mm6P 古銅色…2 個 **d**
- ·手藝用蕾絲 天然花飾…10cm **e**
- ·古典裝飾品 平底鍋、縫紉機等…7 ～ 8 個 **f**
- ·固定針 古典紋飾…2 個 **g**
- ·木製迷你門…1 個 **h**

工具

- ·壓克力顏料（白色 · 黑色）
- ·毛刷或筆
- ·調色盤或小碟
- ·瞬間膠
- ·尖嘴鉗
- ·木工用白膠

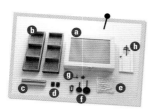

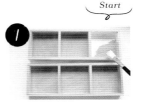

1 將木製分隔盒、收藏盒、展示板和 3 ～ 4 個古典裝飾品塗上壓克力顏料（白色）。其餘的古典裝飾品也塗上壓克力顏料（黑色）。

2 待 **1** 乾燥之後，用瞬間膠將木製分隔盒黏上鉸鏈，如圖示般組合。

3 用尖嘴鉗剪斷展示板的釘子。用木工用白膠黏在 **1** 的收藏盒內底部，製成架板。

4 用瞬間膠將手藝用蕾絲貼在 **3** 上。

5 將古典裝飾品的平底鍋用固定針固定在 **4** 的牆上。其餘的裝飾品放在架板上。

6 將迷你木門用木工用白膠貼在收藏盒的盒蓋上。放上展開的 **2**，製成屋頂。

Start

我工作室的主要裝飾
品是古典樹枝型吊燈
和縫紉機。雖然兩者
都不具實用性，但我
非常喜愛，光看就令
人著迷……。

工作室與玄關擺滿
甜美的古典飾品

這些與其說簡約，倒不如說是稍具甜美感的雜貨，
隨著我不斷製作與蒐集，自然而然變成圖中的樣貌。
雖然許多作品都使用蕾絲、花朵等具有甜美感的圖樣，
不過基本上若用白色加以整合，就不會顯得太甜美。

Point

玄關的置物架。
為了放置不斷增
加的作品，我
DIY製作了這個
架子。我時常更
換作品，營造北
歐感的空間，或
呈現混搭風格。

我製作了這個吊
架，放在窗戶邊。
聚光吊飾成為亮
眼的焦點。

24 箱型小物收納盒

traveling trunk box

將箱子打開放著，展示收納品，看起來像一幅畫喔！

打開能夠收納，閉合當成裝飾品，屬於一物兩用的小箱子

分成數小格的分隔置物盒，適合用來整理收納小貼紙或鈕釦等工作材料。我利用蠟來表現仿舊感，再加上提把就完成這款皮箱風格的小物收納盒。

我打算展開來使用，不過在箱上貼上皮帶後，蓋起來也很可愛！

可是一蓋起來，裡面的小物會變得亂七八糟，所以要合起來時，請先拿出裝飾品會比較好。

材料

- ·木製分隔置物盒…2 個 **a**
- ·金屬包角 4P　古銅色…8 個 **b**
- ·提把 93mm　古銅色…1 個 **c**
- ·提把帶　金屬式…2 個 **d**
- ·鉸鏈 22mm6P　古銅色…2 個 **e**
- ·拱形箱釦　古銅色…1 個

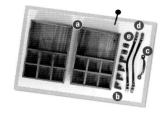

工具

- ·BRIWAX 蠟
- ·科技海綿
- ·工作手套
- ·瞬間膠
- ·螺絲起子

Start

3

用瞬間膠將鉸鏈貼在 **2** 上，用螺絲起子旋上螺絲釘固定。用瞬間膠黏上提把。

1

用科技海綿（melamine sponge；密胺樹脂海綿）沾取 BRIWAX 蠟，塗在分隔置物盒上。因蠟具刺激性，作業時務必戴上工作手套。

4

若閉合使用時，用瞬間膠貼上箱釦。根據盒子尺寸剪裁皮帶，用瞬間膠貼上。

2

待 **1** 乾燥之後，用瞬間膠將金屬包角貼在外側所有邊角上。

在胸花的另一側也貼上花飾，讓籃子的所有面向都顯得很可愛。

使用零頭布製作而成的
胸花是重點特色

這個籃子原本覆蓋著其它的布料，我將它換成單色雪紡紗，整體就轉變成稍微浪漫的氛圍。布邊以蕾絲遮覆，所以裁剪後布邊不處理也沒關係。我是用目測的方式粗略剪裁，然後一面黏貼一面調整。胸花也是適度重疊多片零頭布，只要縮縫即完成。沒想到粗略的手感反而能夠營造古典的情調。

手工餅乾若用這個籃子盛放，看起來就好像甜點店裡販賣的商品一樣。

材料

・柳宗里布料
　籃子…1個 **a**
・素面厚零頭布
　（灰色）…1片 **b**
・小布片
　喬其紗 素面
　（黑色・米色）
　…各1片 **c**
・編織蕾絲
　金黃色…35cm **d**
・吊飾
　皇冠圖樣
　（霧面金）…1個 **e**
・編織裝飾片
　葉片&花
　3P…1個 **f**
・配件
　雪紡紗花飾
　迷你3P（粉紅色）
　…1個 **g**

工具

・剪刀
・木工用白膠
・針和線

Start

將吊飾縫在**6**上。

用木工用白膠將編織裝飾片貼在**7**上。另一側提把同樣地貼上雪紡紗花飾。

在**3**的喬其紗邊緣塗上木工用白膠，貼上編織蕾絲。

將喬其紗（黑色、米色）剪成3～4cm的方塊。分別對摺再對摺，邊角平針縫後拉緊線，製作成胸花。

將**5**縫在**4**的提把部分。

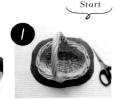

將籃子上的布拆掉，灰色布剪裁得比籃子更大一圈。目測大小即可。

將**1**鋪在籃底，布邊用木工用白膠黏貼固定在籃緣。

裁剪3～4cm寬的喬其紗（黑色），對摺後用木工用白膠貼在**2**的邊緣。

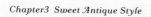

25 雪紡紗置物籃

chiffon flower basket

清爽柔和的色調，四季都能裝飾

雖然這件作品是聖誕季節製作的花環，但我想製作一個其它季節也能作為居家布置裝飾重點的花環。我認為將花環設計成清爽的純白色，這樣一年四季應該都能派上用場。

我只是將簡單的花環塗成白色，纏捲上白色毛線，再貼上胸花。雖然人造花的部分是大膽地直接剪下使用，不過若以白色營造整體感，我想任何裝飾都能應用。可以捲上棉織蕾絲，或用白色裝飾品取代花朵等，請大家享受變化設計的樂趣吧！

材料

- 花環 天然材質 15cm
  …1 個 ⓐ
- 毛線（1 捲 白色）
  …2.5～3m ⓑ
- 手工
  緞帶花（白色）…20cm ⓒ
- 緞帶人造花 滿天星…適量 ⓓ
- 亞麻風標籤布
  法國圖案…1 個份 ⓔ
- 亞麻布胸花…1 個

工具

- 壓克力顏料（白色）
- 毛刷或筆
- 調色盤或小碟
- 木工用白膠
- 瞬間膠

Start

① 將花環塗上壓克力顏料。

② 待❶乾燥之後，將毛線綁在上面，線頭保留 5cm 長。

③ 如圖示般用❷的毛線纏繞在花圈上，纏到最後和保留的線頭打結。

④ 將❸塗上木工用白膠，捲貼上緞帶花。

⑤ 剪下人造花的花朵部分，用瞬間膠均衡地貼在❹上。也同樣地貼上胸花和亞麻風標籤布。

將陽光招至屋內的窗邊吊飾品

聚光吊飾（suncatcher）是能接收陽光，閃閃發亮的窗邊掛飾。

晴天的日子裡，能讓室內充滿舞動的光線，光凝視就能讓人洋溢幸福感。它在歐美被稱為水晶球（crystal ball），是非常受歡迎的飾品。

依序串入 2 個小珍珠串珠、1 個大珍珠串珠，規律地串到喜歡的長度後，再裝上裝飾品。用透明的壓克力串珠製作，我認為也會閃閃發亮非常漂亮吧！

材料（1 條份）

- 壓克力飾品
  阿拉伯圖樣…1 個 **a**
- 裝飾板
  …1 個 **b**
- 珍珠串珠 4mm
  白色…26 個 **c**
- 珍珠串珠 8mm
  白色…11 個 **d**
- 釣魚線 3 號…60cm **e**

工具

| ·尖嘴鉗

1 拆掉壓克力飾品的皮繩。拉開單圈，拆下小飾品。

2 拆掉裝飾板的繩子。最尾端的壓克力吊飾的單圈也拉開，拆下吊飾，再接到 **1** 的壓克力飾品的單圈上。

Start

4 將串珠串成 3 ～ 4cm 長後，再將釣魚線綁在 **2** 拆下的裝飾板單圈上。

5 再剪 20cm 的釣魚線，綁在 **4** 的裝飾板孔中。依序穿入 2 個小珍珠串珠、1 個大珍珠串珠，串成 4 ～ 5cm 長後，將釣魚線綁在 **1** 拆下的壓克力小飾品的孔中。

（此處第3步驟圖片）

3 剪下 20cm 的釣魚線，綁在 **2** 的壓克力飾品的繩孔上。依序穿入 2 個小珍珠串珠、1 個大珍珠串珠。

6 剩餘的釣魚線綁在 **5** 的壓克力飾品上，再依序穿入 2 個小珍珠串珠、1 個大珍珠串珠。串成 9 ～ 10cm 長，為避免串珠脫落，打死結固定，前端繞成線圈再打結。

Chapter3 Sweet Antique Style

27 阿拉伯圖樣的
聚光吊飾

arabesque ornament sun catcher

迷戀白 × 黑！

我從小學開始，每隔幾年會迷戀不一樣的顏色。

不論是衣服、文具、小物或室內布置（話雖這麼說，但只不過是自己房間的窗簾而已）等，都會統一使用當時喜愛的顏色。如果那時我喜愛翠綠色，漸漸地收集各式各樣的物品，稍微留意的話，就會發現房裡全變成了翠綠色，直到哪天我開始厭煩翠綠色的世界（笑）。到了大學時，我開始變得喜愛白色與黑色。

因結婚、搬家，隨著每次變換住所，白、黑色的物品逐漸增加，現在我家全是簡約的黑白色布置。即

使我喜愛各種風格，諸如哥德、古典或時尚風格等，不論是衣服、文具、小物或室內布置，首先我都統一成黑、白兩色，出乎意料地讓屋內顯得格外整潔清爽。事實上，我非常不擅長收納整理。儘管如此，室內裝潢雜誌或收納報導中曾多次

介紹我家，我想這全拜白×黑之賜。

雖說是用白色與黑色，但我不是只用這兩種顏色，也會搭配象牙白或銀灰色，所以整體感不會顯得單調。我想這樣的風格應該會持續保持下去吧（笑）！

1F 的地板、牆壁和家具全是白色。
餐具也幾乎是白與黑色，
採取開放式收納。

我喜愛的衣服也全是白×黑色，
連孩子的衣服也一樣。

調味料重新裝入統一規格的瓶罐中，貼上手作的白×黑的標籤。

Chapter **04**

少女哥德風

改造雜貨 &
家飾品

Girly Gothic Style

裝飾上亮片寶石
或皇冠圖樣飾品等，
立即增添少女氣息，
變得充滿浪漫氛圍。
一件亮眼的裝飾品，
能作為屋內的重點裝飾。
將雜貨稍加改造，
也適合作為小禮物。

28 畫框風格墜飾掛鉤

necklace holder frame

在附掛鉤的畫框中，吊掛墜飾來裝飾室內空間

將我喜愛的墜飾以這樣的方式展示，作為妝點室內的裝飾品。這樣擺設的話，不僅不會忘了它們的存在，也更方便穿搭，每天靈活運用。

在大畫框中，我固定上陶質拉鈕加以改造。但因為底板是厚紙無法以螺絲釘固定，所以我改用市售的三夾板。若請DIY量販店代為裁切成底板的尺寸，自己就不必費工裁切。陶質拉鈕為復古風，因此掛鉤不必塗裝直接使用，作品更添高級感。

材料

- 簡單木質畫框
  253×305mm 照片…1 個 **ⓐ**
- 迷你掛鉤
  古銅色…3 個 **ⓑ**
- 陶製拉鈕 浮雕圖樣
  （皇冠）…1 個 **ⓒ**
- 手藝用蕾絲 002…21cm **ⓓ**
- 三夾板 25.5cm×30.5cm…1 片

工具

- 壓克力顏料（白色 · 黑色）
- 毛刷或筆
- 調色盤或小碟
- 錐子或螺絲起子（也可用電動鑽孔機）
- 瞬間膠

Start

2 將三夾板塗上黑色壓克力顏料。

1 拆掉畫框的壓克力板和底板，將整體塗上白色壓克力顏料。

 necklace holder frame

安裝上❶的外框。

用瞬間膠將蕾絲和掛鉤貼在❸上。

用錐子或螺絲起子在❷的三夾板上，鑽出直徑4.5mm 的孔，安裝上陶製拉鈕。

29 圓點圖案
化妝箱

polka dot print vanity case

將布料貼上紙箱，變身可愛的迷你提箱

用來收納髮飾、髮圈和髮夾等。

這個小化妝箱和 P.18 的藥箱一樣，是用兩個相同大小的盒子組成。這裡使用的素材是紙盒，非常的輕，所以不需要用鉸鏈接合，而是用布織帶黏貼組合。適合用來收納化妝品、髮圈、髮夾等，也可拿來裝洋娃娃的服裝配件等。

箱子的單側裝飾成圓點圖樣，另一側為黑色，我覺得作品完成後的甜美感恰到好處。這個作品，我原本就使用黑盒子，如果不是用黑色盒子時，請貼上黑布或塗上黑色壓克力顏料。

材料

- 布片
  圓點印花（黑色）…1 片 **a**
- 亞麻風織帶
  法國圖案…適量 **b**
- 提把　93mm
  古銅色…1 個 **c**
- 拱形釦鎖
  古銅色…1 組 **d**
- 厚紙盒…2 個

工具

- 瞬間膠
- 木工用白膠

Start

1　將紙盒放在圓點圖案布上，在盒子高度 +2cm 的外側，剪出長方形。如圖示般裁剪後，用木工用白膠貼在紙盒上。

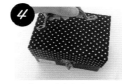

2　邊角如圖示般翻摺，從上面漂亮地重疊黏貼。

3　再將❷和另一個紙盒（若原本不是黑色的紙盒，先貼上黑布或塗上黑色壓克力顏料）相對組合，接合處用木工用白膠貼上亞麻風織帶。

4　用瞬間膠貼上提把。

5　用瞬間膠貼上固定釦鎖。用木工用白膠平衡地貼上剩餘的亞麻風織帶。

6　依照盒子尺寸裁剪圓點圖案布，用木工用白膠貼在亞麻風織帶接合處的內側。

材料

- 手藝用蕾絲 003
  …12cm **ⓐ**
- 布片 喬其紗 素面（米色）
  …10cm×15cm **ⓑ**
- 布片 喬其紗 圓點（黑色）
  …10cm×15cm **ⓒ**
- 鞋夾
  荷葉邊（黑色）…1 個 **ⓓ**
- 手藝用蕾絲
  天然花飾…25cm **ⓔ**

- 金屬裝飾片
  （艾菲爾鐵塔）…1 個 **ⓕ**
- 配件 雪紡紗花飾
  迷你 3P（粉紅色）…1 個 **ⓖ**
- 編織裝飾片
  葉片 & 花
  3P（花）…1 個 **ⓗ**
- 手藝用胸花底座
  …1 個 **ⓘ**

工具

- 茶包…1 個
- 針和線
- 瞬間膠

Start

將雪紡紗花飾縫在**ⓖ**上。

如圖示般將**ⓒ**的中央聚攏縫合，成為胸花裡側的底座。

將白色手藝用蕾絲浸在紅茶中 2 ～ 3 分鐘，染色。

在**ⓖ**的裡側底座部分，如圖示般縫上花朵編織裝飾片，及剩餘的米色手藝用蕾絲。

如圖示般，將手藝用蕾絲及米色手藝用蕾絲 12cm 分別摺疊，以平針縫固定根部。

將素面和圓點圖案的喬其紗各別摺疊，如圖示般重疊後縫合。

如覆蓋般將胸花底座放上**ⓖ**，用瞬間膠固定。

貼上金屬裝飾片，用瞬間膠貼在**ⓒ**的底座另一側。再疊上**ⓒ**縫合固定。

拆掉鞋夾的金屬配件，將荷葉邊縫到**ⓑ**上。

再生利用剩餘的材料，
製成漂亮的特色飾品

我將作品製作剩餘的蕾絲和人造花，和零頭布組合製成胸花。可以別在包包或帽子上，或展示作為室內的特色裝飾；另外，當作謝禮也非常討喜。

一面將數種零頭布和蕾絲摺疊成荷葉邊狀，一面重疊縫合。以白色和黑色為基調，加上原色和米色等色調，呈現出富有層次感、適合大人的成熟氛圍。這件作品我用紅茶將白色蕾絲染成天然的米色，不過如果手邊有米色蕾絲的話，也可以直接使用。

在裡側縫上花朵編織裝飾片的話，讓它蓬鬆隆起，再緊密地貼在胸花底座上，完成後才會牢固。

Chapter4 Girly Gothic Style

30 艾菲爾鐵塔
胸花

Eiffel tower brooch

3/ 格紋便當袋

gingham check lunch box bag

將餐墊當作主題配件，縫在提袋上！

迷你小提袋很耐髒，適合作為便當袋。我在尋找適合搭配格紋的圖樣時，剛好找到這個正方形餐墊。

貼在餐墊上的貼布是截取水壺袋的一部分。用木工用白膠仔細地貼合布邊的話，裁開的布邊也不會綻開。即使沒有縫紉機，用手縫方式就可以將餐墊縫在提袋上。裁去圖案部分的水壺袋，我正在思考能否用在其它的改造品中。

材料

- 自然風提袋（黑色）…1 個 **a**
- Plaire Leisure
  水壺袋 500ml…1 個 **b**
- 亞麻布花 003（米色）…1 個 **c**
- 亞麻布餐墊…1 片 **d**

工具

- 剪刀
- 木工用白膠
- 尖嘴鉗
- 針和線

Start

3

將❶用木工用白膠貼上亞麻布餐墊，再縫上❷。

1

剪下水壺袋的圖案部分。

4

將❸縫上提袋。

2

用尖嘴鉗剪斷亞麻布花上所附的別針，只留 1 ～ 2cm，如圖示般彎摺。

32 花飾項鍊

flower motif pendant

黑色布和米色布重疊製成的書
本項鍊也很漂亮。

**拆解人造花配件，
組合成項鍊**

這條雖然只是蕾絲和人造花重
疊製成的項鍊，但不同色調的多
層次白色搭配，給人細緻的感覺。
若只用布料製作，份量略嫌不足，
所以我使用蝴蝶結造型的小飾品
加重份量。

另外我用長皮繩，在2個地方
打結，這樣能配合服裝調整長度。
搭配平時所穿的服裝，也能散發
稍微可愛的感覺。

材料

- ・蕾絲織帶 金色…5cm **ⓐ**
- ・手工 緞帶花（白色）…主體 3 個份 **ⓑ**
- ・緞帶滿天星…適量 **ⓒ**
- ・珍珠串珠 4mm 白色…3 個 **ⓓ**
- ・人造皮皮繩（白色）…70cm **ⓔ**
- ・蝴蝶結造型飾品…1 個
- ・單圈…1 個

工具

- ・針和線
- ・尖嘴鉗

Start

7

在 **⑥** 的單圈中穿入人造皮皮繩，如圖示般將一端打結。

4

在 **③** 的人造花正中央分別縫上珍珠串珠。

1

摺疊蕾絲織帶。也同樣摺疊緞帶花，重疊後縫合。

8

另一端也同樣地打結即完成。

5

用尖嘴鉗拉開飾品所附的單圈，穿入 **④** 的蕾絲織帶中固定。

2

將人造花的花朵部分拆下 3 個。

6

在 **⑤** 上加裝另一個單圈。

3

將 **②** 重疊縫在 **①** 上。

Chapter4 Girly Gothic Style

33 蕾絲蝴蝶結髮夾

hair bow barrette

材料

- 黑色蝴蝶結髮夾…1 個 ⓐ
- 蕾絲織帶 金色…15cm ⓑ
- 個人喜好的有腳鈕釦…1 個

工具

- 瞬間膠
- 針和線

以鈕釦和蕾絲將簡單的髮夾大變身

緞帶蝴蝶結髮夾本身就很漂亮，不過，若手上有剩餘的蕾絲和有腳鈕釦的話，不妨像這樣稍加裝飾吧！不但能使髮夾變得更漂亮，還能表現高級感，而且也不必擔心會和別人撞夾。

Start

3

將鈕釦縫上❷的蝴蝶結的結眼。

2

如圖所示將❶的邊端夾入蝴蝶結的內側，用瞬間膠黏貼固定。

1

將蕾絲穿過蝴蝶結的結眼。

34 閃亮花飾禮帽

hat with acrylic gems

材料

・鞋夾
　荷葉邊（灰色）…1 個 **ⓐ**
・蕾絲帽
　禮帽款（黑色）…1 個 **ⓑ**
・人造假鑽…適量

工具

・針和線
・瞬間膠

Start

1

將鞋夾背面的金屬夾拆掉。

2

將❶的荷葉邊縫到帽子上，
用瞬間膠黏上人造假鑽。

除了女鞋以外，將鞋夾運用在其它作品上

在49元商店販售許多素面女鞋用的鞋夾，因為都很可愛，我不斷思索除了女鞋之外，它們還能用在哪些地方，不自覺地就先買下備用。我用家裡這些備用品（？），試著來裝飾流行的禮帽。裝飾重點是組合布料和人造假鑽等異材質。請你務必也試著搭配其它的用品吧！

Chapter4　Girly Gothic Style

35 書本造型
小物收納盒

decorated book box

將西洋書盒上色，加以變化設計

這件作品是外形像舊西洋書一般的可愛木盒。木盒大小是能放在掌中的迷你尺寸，裡面不論放置任何東西，都能展現獨特的浪漫氛圍。我家則是用來擺放許多迷你版飾品。

塗上壓克力顏料的盒子表面，不適合貼貼紙。所以我事先將貼紙彩色影印後剪下，再用木工用白膠黏貼。若是覺得彩色影印太麻煩，也可以剪下喜歡的雜誌或英文報紙直接使用。

為了讓盒子打開時也很可愛，盒蓋內側也貼上貼紙。

材料

- 木製書盒⋯1 個 ⓐ
- 裝飾貼紙 醫藥標籤 2P⋯2 張 ⓑ
- 蕾絲紙⋯1/4 張

工具

- 壓克力顏料（白色）
- 毛刷或筆
- 調色盤或小碟
- 砂紙
- 剪刀
- 木工用白膠

Start

③

將貼紙彩色影印，剪下 2 片想使用的圖案。

①

將木盒塗上壓克力顏料。

④

在②的盒蓋表側，依序用木工用白膠貼上蕾絲紙和③。在裡側也貼上③。

②

邊角用砂紙打磨，磨掉一些顏料。

這是我非常喜愛的盥洗室。灰色磁磚的牆面上貼著 IKEA 的鏡子，牆上掛著畫框風格墜飾掛鉤。另外利用雜貨屋買的聖誕樹來收納項鍊及髮圈等小物件。

女兒和我都超愛的
少女哥德風居家布置

我家的盥洗室和廚房，
也是特別有女人味的空間。
隨著我統一使用黑色調用品，
營造出少女哥德風格。
它們和其它房間的風格稍有不同，
給人新鮮的感覺。

我買了喜歡的東西之後，不自覺地都集中放到置物架上。
製作到一半的作品若統一風格陳列，看起來像幅畫一般。

圖中是廚房邊的置物架。瓶罐類以白色統一，再貼上自
己製作的標籤加以分類。餐具依北歐或日本風格分別收
納，形成哥德風格的一隅。

分解髮夾加以活用的
創新改造雜貨

我不擅長清潔打掃，所以拖鞋是我家的必備品（笑）。

這件作品我有信心女兒看了必定會說：「我想穿！」事實上，它和 P.88 的改造品使用相同的髮夾，這裡是直接拆掉金屬夾後使用。原本以接著劑黏貼，但用手拉扯就會脫落。

我將商品視為「素材」，所以若有可愛的圖案，就會大膽的分解，當作配件使用。如此一來，改造的範圍將大幅擴展。

這個蝴蝶結非常可愛，縫在提袋上加以變化，似乎也很漂亮。

材料

- 軟質拖鞋　圓點花樣 A（灰色）…1 雙 **a**
- Shape up support 拖鞋（灰色）…1 雙 **b**
- 手藝用蕾絲　天然花飾…20cm **c**
- 黑色蝴蝶結髮夾 2 個 **d**
- 軍用鈕釦　軍用 3P…2 個 **e**
- 蕾絲裝飾片 2P　動物圖案…2 片 **f**

工具

- 剪刀
- 針和線

Start

1 將手藝用蕾絲裁成一半，分別縫在大拖鞋上。

2 拆掉髮夾上的金屬夾。

3 將 **2** 縫在 **1** 的蕾絲上。軍用鈕釦也縫在蕾絲上。

4 小拖鞋只要縫上蕾絲裝飾片即完成。

Chapter4 Girly Gothic Style

36 公主風拖鞋

lovely room slippers

37 蕾絲花飾
垃圾桶

plastic face trash can

製作重點是將塑膠蕾絲的邊端如圖示般摺疊！

以防水塑膠蕾絲裝飾垃圾桶，呈現可愛感

長女小的時候，我會在她的長筒靴邊緣貼上塑膠蕾絲裝飾改造，便宜的長筒靴變得十分可愛，煥然一新。我在49元商店發現有蕾絲花邊的桌巾，於是我裁下花邊裝飾在垃圾桶上。

因為塑膠蕾絲能夠防水，所以垃圾筒也能放在盥洗室。用過的化妝棉，或纏附在梳子上的頭髮等都能夠順手丟棄，極為方便。

弄髒的話用濕抹布就能迅速擦乾淨，這也是我喜愛它的一大優點。

材料

- 桌巾 方形 L…1 片 ⓐ
- 改造配件 圓點蝴蝶結（黑色）…1 個 ⓑ
- 旋轉蓋垃圾桶…1 個

工具

- 剪刀
- 瞬間膠
- 曬衣夾

Start

③ 用曬衣夾夾住摺疊處予以固定，完全黏合後，貼上蝴蝶結配件。

① 用剪刀剪取桌巾外側的圖樣。

④ 將❸蓋上蓋子即完成。

② 取下垃圾桶的蓋子，用瞬間膠將❶貼在桶身的邊緣。如圖示般摺疊邊端。

活用指甲用小貼紙，
讓木盒更可愛

我總覺得這個帶腳木盒洋溢著哥德風格，非常漂亮。塗上白色顏料改造後，看起來簡直就像珠寶盒一般。使用大量人造假鑽的「公主風裝飾」，女兒也超喜愛，我們時常一面討論，一面共同思考設計。

為了完成高雅的作品，統一使用白色貼紙，但避免貼太多。我覺得人造假鑽最好選用銀色的。盒子內側即使不上色也沒關係。

材料

- 木製附腳收納盒…1 個 **a**
- 人造假鑽貼紙 L
  300P 銀色…適量 **b**
- 寶石指甲用貼紙
  19 蝴蝶結…2 片 **c**
- 個人喜好的貼紙…1 片

工具

- 壓克力顏料（白色）
- 毛刷或筆
- 調色盤或小碟
- 剪刀

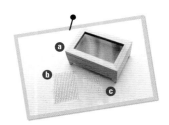

Start

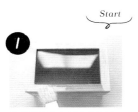

將收納盒塗上壓克力顏料。

將❶的盒蓋貼上個人喜歡的貼紙。

在❷的邊緣貼上人造假鑽貼紙，蓋子則均衡地貼上指甲用貼紙。

38 帶腳珠寶盒

treasure cabinet

39 愛麗絲風格掛鐘

Alice in wonderland wall clock

用人造假鑽和貼紙裝飾，讓時鐘變得如此可愛

我非常訝異時鐘竟然只賣49元。

它原本是極簡單設計的掛鐘，不過外框塗上壓克力顏料後，那種霧面的質感很難在49元的商品中找到。此外，裝飾上貼紙及人工假鑽後，就會變得這麼可愛！我還利用可愛的指甲小貼紙裝飾。

黏貼的訣竅是在數字鐘面和表面的壓克力板都貼上貼紙，這樣做會比只在表面黏貼更能呈現立體感。如果全部以黑色統一，即使貼上許多貼紙也不會顯得零亂，而且出乎意料地清爽。

材料

- 掛鐘 自然風格…1 個 **a**
- 壁貼 愛麗絲圖案 …1 張 **b**
- 寶石配件 彩色 …1 個 **c**
- 人造假鑽 貼紙 L 300P 銀色…適量 **d**
- 貼鑽指甲 貼紙 19 蝴蝶結…1 個 **e**
- 改造配件 圓點蝴蝶結…1 個 **f**

工具

- 壓克力顏料（黑色）
- 毛刷或筆
- 調色盤或小碟
- 瞬間膠

Start

1 拆下時鐘的外框，塗上壓克力顏料。

2 拆下時鐘的壓克力板，將貼紙貼在數字鐘面上。長針貼上人造假鑽貼紙。

3 在 **2** 的前端用瞬間膠貼上寶石配件。

4 裝上壓克力板，貼上貼紙。

5 此外，再取平衡感地貼上指甲用貼紙和蝴蝶結配件。安裝上外框。

使光線變柔和的 毛玻璃風格裝飾

我家的室內布置統一採取白黑色調，因此不適合使用果凍玻璃貼（gelgems）等色彩繽紛的貼紙，於是我自製獨創的窗花貼紙取而代之。

雖然也可以白膠將塑膠蕾絲貼上玻璃，不過若使用玻璃用卡典西德，不用白膠也能夠輕鬆地漂亮黏貼。不過卡典西德沒有圖案，所以我加上蕾絲和人造假鑽來添加作品的特色。因卡典西德容易捲曲，黏貼人造假鑽時，用膠帶將它固定在作業台上比較方便黏貼。

卡典西德仍能透進柔和的光線，讓屋裡不會變暗。

材料

- **卡典西德**（cutting sheet）
  毛玻璃風格　無圖案
  …15cm×20cm **a**
- **手工閃亮**
  蕾絲（銀色）…20cm **b**
- **飾品　皇冠造型**
  （霧銀）…1 個 **c**
- **人造假鑽貼紙 L 300P**
  銀色…適量 **d**

工具

- 鉛筆
- 剪刀
- 瞬間膠

Start

將書末的皇冠圖案影印後割下，製作紙型。放在卡典西德上描繪輪廓。

用瞬間膠將飾品貼上**❸**。

沿著**❶**的輪廓線裁剪卡典西德。

將人造假鑽貼紙貼上**❹**。

將蕾絲用瞬間膠黏上**❷**。建議選擇織入金銀線的蕾絲。

撕掉**❺**的背紙，為避免空氣進入，一面按壓，一面貼在窗戶上。

Chapter4　Girly Gothic Style

40 窗飾貼

window decoration sticker

和孩子一起動手改造

我有三個小孩，大女兒現在就讀中學2年級、大兒子小學6年級、小兒子3歲。他們或許像我，也或許是愛模仿吧，三個人都非常喜愛手作。

他們出生後，看也可能是他們的緣故，我一直在手作的緣故，他們覺得自己製作雜貨或置物架等是很理所當然的事。

閣樓房間要當作孩子專用的DIY空間，是由老大、老二幫忙油漆和鋪設地板，他們很會用鑽孔機，把很多東西都改造成自己喜歡的樣子。門和牆壁則由女兒設計製作，細部雖然有點粗糙，不過非常可愛。

大兒子房間的閣樓，去年暑假他自己加上梯子。為了讓小兒子也能夠參與，我用木製架板製作成籬笆後，大家一起動手上漆。小兒子有時幫忙塗漆，有時拿木材給我，總之一定會加入手作的行列。

我努力想讓孩子們看到自己創作的快樂，以及我對手作的熱愛，我時常感受到這些都已經自然地傳達給他們。今年他們要做什麼呢？

相當地
有模有樣！

正在組裝閣樓梯子的大兒子。

從測量尺寸、畫底稿到裁切，
都由大女兒一手包辦！

大女兒設計製作的閣樓房間牆壁，
非常地可愛！

Chapter 05

10 分鐘就能完成
的改造小點子

Little Decoration Ideas

只要將 49 元商店的
小物稍微加工，
便能瞬間煥然一新，
美感倍增。
靈感一來就能立刻動手，
一起來享受手作的樂趣吧！

用紙膠帶完成的小裝飾！

49 元商店有許許多多可愛圖案的紙膠帶，即使是黑、白單色的花樣也很豐富，
每次看到我都會購買收藏。那裡也有販售有圖案的寬幅萬用膠帶，只要貼上膠帶，
就能讓任何物品可愛變身。

原本是「保鮮膜」盒。
擺脫生活感，變身雜貨風格

　這件作品是使用尺寸適合保鮮膜和鋁
箔紙盒的印花萬用膠帶。我討厭保鮮膜
造成的凌亂生活感，一般都會收放在抽
屜或盒子裡，不過用膠帶黏貼包覆後，
變成圖片中那樣。看起來簡直就像雜貨
屋的商品一樣，即使放在客廳的置物架
上也不礙眼。孩子用畢即使放在桌上沒
收，還是很漂亮。

將廚房的「用具」，
改造成出乎意料地漂亮！

用保鮮膜密封
剩飯時，漂亮
的外盒讓人更
愉快作業。

自然懸掛在角落的
迷你掛旗

增加 10 倍小巧可愛度！
置物架或窗邊的小裝飾

　這件作品的作法超簡單。先將紙膠
帶裁成 3 ～ 4cm 長，夾住風箏線貼合，
以夾住風箏線的地方作為底邊，再把
紙膠帶裁成三角形即完成。只要重複
作業直到掛旗達到所需的長度。不用
尺測量，只用目測也沒關係。建議大
約用 3 種圖案的紙膠帶隨意組合。若
用黑、白色的紙膠帶製作不會顯得雜
亂，風格比較適合大人使用。

用牙籤製作叉子
也能用來裝飾便當！

　　用紙膠帶夾住牙籤貼合後，只要用剪刀裁剪，便完成簡單的小叉子。將它們插在甜點或水果上排在一起，散發悠閒的咖啡館氛圍。只要這樣裝飾一下，即使是便利商店買的包裝甜點，也能使家庭派對變得有聲有色。插在炸薯條或炸雞上當然也很漂亮，也能活用在便當盒的裝飾中。用完即丟，非常方便！

黑白色的旗幟
叉子。將旗子
剪成三角形或
是葉片形狀也
很漂亮。

讓明信片盒或相本
也能變得稍微可愛

將平凡無趣的文具用品
變成可愛的客製化造型

　　49元商店的文具用品雖然樣素簡單，但卻顯得有點無趣。我也會用紙膠帶裝飾明信片盒或相簿。如果用黑白兩色，不必特別設計，只要隨心所欲地直接黏貼，就能不雜亂地清爽整合，即使放在客廳也不會破壞室內的布置。我還會搭配自己獨創的標籤。

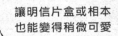

明信片盒的盒
背貼上書末的
標籤貼紙。

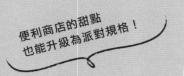

idea 02　善用標籤貼紙整齊收納

我會製作裝飾外文商標或喜愛圖樣的獨創標籤，
貼在盒箱或瓶罐上。化妝品類則用標籤統一外觀整齊收納。
盒箱或瓶罐若貼上標籤，也能清爽地整理。

> 讓化妝品等瓶罐
> 變得像進口商品一般

若讓容易雜亂的盥洗室
呈現統一感，更顯清爽

　　家中的盥洗室是最容易呈現凌亂生活感的空間。各式各樣的商品、化妝品和清潔劑等雜亂無章四處擺放，即使收理整齊看起來也不美觀。因此我家都將產品換裝到白色瓶中，再貼上自創的標籤。甚至連衣服柔軟精或棉花棒罐，我全都採取同樣的作法。這麼一來，所有的瓶罐外觀像是同系列產品般呈現統一感，看起來簡直就像飯店的盥洗室一樣。

　　除了盥洗室之外，我也會在木工用白膠上貼上標籤，稍微加以裝飾。

棉花棒罐也貼上標籤貼紙。白色棉花棒貼上黑色的標籤，黑色棉花棒則貼上白色的標籤！

濕紙巾挑選白色瓶子盛裝，撕下原來的標籤，再貼上自己製作的標籤。

木工用白膠和壓克力顏料整瓶購買，貼上標籤呈現客製化外觀。

我在空瓶、空盒貼上標籤，
當成收納用品。

黑蓋咖啡瓶和
白色塑膠盒最適用！

　　在冰箱和餐具櫃的收納上，我是各別購買相同大小的塑膠盒，貼上自創的標籤使用。如果使用白色盒子，即使許多堆放在一起也不會讓人覺得沉重。即溶咖啡的空瓶，因為是黑蓋子，適合使用黑白色調的標籤。

　　這種方式也能整齊收納迴紋針、便條紙等容易凌亂的瑣碎文具。

空瓶直接
放在窗邊也能
作為裝飾。

筆記本也改造成
雜貨風格

即使排放
在架上也像
幅畫一般！

選用黑色散發高級感，
貼上標籤更具個性

　　不論是隨筆記下作品的創意，或是描繪設計圖等，我意外地用了很多的筆記本，這些筆記本我也一定選擇黑或白色的。統一使用相同的款式，放入書架時也能整齊地收納。若是黑色本子，除了顯得高級之外，若再貼上自創的標籤，看起來就像進口雜貨般地時尚。我也很推薦在白色透明文件夾貼上標籤的作法。

idea 03

以多餘的壓克力顏料稍微上色

調色盤上剩餘的壓克力顏料放太久，會凝固無法使用，
這時可用來塗刷其它裝飾品。只要塗上白色和黑色，
即使是 49 元商店的東西也能呈現意想不到的高級感。

非常適合
陳列在展示
櫃上。

> 不管是迷你家飾或是
> 艾菲爾鐵塔，都能變得很別緻

經過「略微上色」的處理，變成更可愛的特製品

　　我在店裡看中的雜貨，即使沒有想到
要做什麼，也會不自覺地先買下備用。
製作其它作品時，調色盤若有剩餘的壓
克力顏料，我會順便把備用的小物漆上
白色或黑色，成為我家風格的特製品。

　　儘管用品原來的樣式也很可愛，但是
塗成白色或黑色後，更能融入我家的居
家布置中，完美妝點屋中的一隅。而且，
風格就算有些微的差異，也能呈現統一
感而顯得清爽整潔。

常見的艾菲爾鐵塔飾品也漆成
白色後，變成古典風格的裝飾
品。

我將水泥飾品塗成白色和灰
色，適合收納在白色盒子裡。

我非常喜愛的 Le Creuset
風格的迷你裝飾品，上色
後光是放著就很漂亮。

用餐巾紙完成蝶古巴特拼貼

將肥皂和蠟燭都升格為
裝飾室內的雜貨

用喜歡的圖樣
加上可愛的裝飾

❶ 慢慢地撕下餐巾紙，取其中一張印有圖案的餐巾紙，根據想要黏貼的地方用剪刀裁取。

❷ 在肥皂和蠟燭想要黏貼的地方塗上蝶古巴特專用膠，再黏貼上❶。為避免空氣進入，從中央往外仔細黏貼。

❸ 在圖案再塗上一層蝶古巴特專用膠。專用膠不要塗滿整個肥皂，只塗在有圖案的部分，這樣能從裡側沒貼餐巾紙的部分開始使用。

用喜歡的
圖案的餐巾紙
試做看看吧！
（參照 P.118）

簡單的肥皂也能
這樣裝飾！放在
盥洗室也很漂亮，
當作禮物也很討
喜。

變換拉鈕時的注意重點

滿滿的陶器和
古典樣式雜貨收藏！

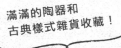

只要變換拉鈕，
就能變得如此可愛

　　樸素的抽屜、櫥櫃的門扇等，只要換裝可愛的拉鈕，外觀立刻變得更吸睛。不一定要全部更換，只更換一個拉鈕當作重點也很漂亮。在 49 元商店可以找到各式各樣的可愛拉鈕，例如我喜愛的皇冠造型等。我若發現喜歡的，會先買下來收存在工作室的小盒子裡。能派上用場時，便會塗成白色或黑色使用。

只要換上一個不同
色的黑色拉鈕，自
然能成為作品的特
色。

重新改造利用，為簡約生活增添變化！

我結婚後搬到距離娘家很遠的地方，而且馬上生了孩子，在陌生的他鄉，節約和育兒成了我最初的課題。為了尋找比較便宜的東西，我每天巡視好幾家超市，剛開始壓力大到喘不過氣來！一整天我和襁褓中的大女兒都待在家，總覺得自己和社會脫了節，心裡感到相當苦悶。

不過，幸好我知道如何將49元商店的東西加點工，製成漂亮的用品，於是我開始在生活享受改造的樂趣與變化。我本身和小孩都屬於過敏體質，要住一輩子的房子，我講究使用自然的塗料和材料，即便貴一點也會挑選無農藥栽培的食品，不過，妝點每天生活的雜貨和季節裝飾，我只會用49元商品再加工改造。

我的身份雖然是媽媽，但可以說還兼具家庭保姆、料理研究家和室內設計師等身份，覺得非常有價值感。只花數枚硬幣，就能裝飾客廳和廚房，這簡直太棒了。我秉持這樣的理念，快樂地享受簡約的生活。

兒子背後的立式水龍頭也是 DIY 製作而成

精力充沛的孩子們到處奔跑的庭院、木板圍籬，都是我自己慢慢製作的。我在庭院中種菜，不但能節省開銷，而且自己種的菜沒有農藥能安心食用，這比什麼都值得。

不論是工具室或是樹幹製的梯子都是手作品

Chapter 06

峰川風格
改造基礎講座

Basic Lecture for Remake

本章將介紹改造時使用
的基本工具及技巧。

本書的作品並不需要
特別的工具和技法，

只要確認步驟、
循序漸進地進行，
就能流暢地作業。

若有這些工具就足夠使用

除了繪畫顏料和接著劑外，其它工具家裡幾乎都找得到。
將常用的工具收在改造工具箱裡，想到就能立刻動手製作。

裁切

請準備兩把剪刀，一把用來剪蕾絲和布，一把剪紙張等，我使用的剪刀，並不是剪布專用的裁縫剪刀，如果和剪紙的剪刀分開使用的話，我覺得不會有什麼特別的問題。裁切厚紙或薄板材時可用美工刀，手邊有切割墊會比較方便作業。

測量、描圖

安裝金屬配件或黏貼圖樣時，我幾乎都採取目測法（笑）。裝飾時雖然差不多就行，但畫底圖時準確度很重要，這也是手作的魅力。不過在盒子上鑲入木板或在畫框中裝入圖案時，若留有縫隙很難看，所以請仔細的測量。若能掌握測量訣竅，就能完成非常可愛的作品。

上色

我是使用毛刷塗繪壓克力顏料。用毛刷比用筆作業更迅速，而且塗的範圍更大、更輕鬆，塗繪出的感覺我覺得也比較好，黑、白專用毛刷各準備一支。塗繪小裝飾品或串珠等細小配件時，使用筆則比較方便。

我的風格是將所有物品都塗成白色或黑色。水彩顏料不防水，有的物品不能塗，所以我強力推薦任何東西都能塗繪，快乾又防水的壓克力顏料。49元商店也有販售黑色和白色的壓克力顏料，不過我使用中間色也很豐富的日本德蘭（Turner）公司產的「壓克力顏料（acryl gouache）」。

拆卸、裁切金屬配件

我經常拆卸髮夾上的金屬配件或附屬的小飾品，當作配件運用在喜愛的素材中。這時圖中右側的尖嘴鉗很方便實用，彎摺單圈或鐵絲時也是使用它。裁剪不易用剪刀剪斷的鐵絲或配件時，則用左側的斜嘴鉗比較方便。

黏貼

圖中右上是 49 元商店販售的瞬間膠。小巧易使用，黏著力也很強。雖然那裡也有賣木工用白膠，不過量大的我都買罐裝產品。罐上貼的是我自己設計的原創標籤。DIY 大型物品時，我使用工藝用白膠，製作小物件時為了方便黏貼，是使用「施敏打硬（Cemedine）」公司的產品。

裁切木材

極薄的檜木條可用美工刀裁切，較厚的板材可請 DIY 量販店裁成所需的尺寸。但是，要裁掉少許多餘的板材，或微調尺寸時，用鋸子還是比較方便。我平時愛用的是材質很輕，在 49 元商店找到的小鋸子。

固定螺絲釘

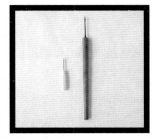

掛在牆上使用的置物架，或掛重物的鉤子等，不能只用白膠黏貼，要用螺絲釘牢牢地固定比較安心。使用螺絲起子固定時，在想固定螺絲釘的面上，先用錐子或螺絲起子鑽孔，螺絲釘前端插入後，再用螺絲起子旋緊。若有電動鑽孔機，瞬間就能固定，非常的方便。

掌握上色的基本方法

改造物品時，我總是先將物件塗成白色或黑色開始。
不過，並非塗上壓克力顏料就行了，想完成漂亮的作品需掌握一些小訣竅。

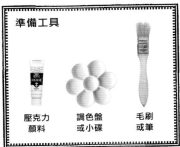

準備工具

壓克力　　調色盤　　毛刷
顏料　　　或小碟　　或筆

將顏料擠到調色盤上

我使用的雖然是美術社購買的調色盤，不過使用不要的小碟子，或是空罐、食物托盤等也沒關係。壓克力顏料具有快乾、凝固後不易脫落的特性，所以調色盤或小碟子用畢後，請立即用水清洗乾淨。

毛刷大約沾取這麼多的顏料

不要加水稀釋，用毛刷直接沾取壓克力顏料。毛刷上沾取太多顏料，成品不易呈現仿舊感，所以還不熟練的話，不妨「少沾點顏料」。

迅速塗刷

毛刷如果又朝橫向又朝縱向塗刷，不易刷出美麗的漆紋，訣竅是朝一定的方向塗刷。氣溫高的日子顏料乾得快，請盡速作業。

若使用 BRIWAX 蠟，能呈現老舊原木質感

塗上英國 BRIWAX 蠟公司製的木製家具專用蠟，除了能漂亮呈現木紋外，還能表現像老木材一般的質感。因蠟略具刺激性，作業時務必穿戴工作手套，用餐巾紙或海綿塗擦。我愛用的產品是名為「Jacobean era」的深咖啡色蠟。

用乳膠漆表現柔和的米白色

Old Village 公司生產的乳膠漆也應用在 P.62 的作品中，它是以牛乳為主成份的自然塗料。使用略帶黃色的米白色，作品能呈現樸素的氛圍。P.22 中的收藏盒也是漆上乳膠漆後，稍微改變給人的感覺。

運用銀灰色，表現白鐵般的質感

不只是塗上純黑色，像這樣具有些微差異的灰色調也很漂亮。我是在黑色或白色中混入蘭德（Turner）公司的「古典銀」，調和出具有微妙差異的灰色調。圖片上方像花灑的飾品，如果再疊塗上黑色的話，即能呈現白鐵般的復古感。

在白色中加入「污漬」，以表現仿舊感

作品不是單純漆成白色，還巧妙地加入「污漬」，完成後作品能呈現仿舊的風格。在白色顏料中混入淺黃色或咖啡色，用毛刷在白色塗裝面上隨意重複塗刷。混色需要少塗一些，訣竅是不要重複塗繪太多次。

蝶古巴特技法意外地簡單

這是將裁下的紙拼貼在素材上的一種拼貼藝術。以蝶古巴特專用膠黏貼，讓圖案與素材融為一體，完成後防水性佳。

※蝶古巴特專用膠除了在 49 元商店有販售外，在手工藝用品店或 DIY 量販店等地方也能買到。

準備工具

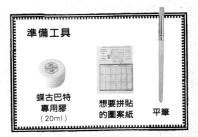

蝶古巴特
專用膠
（20ml）

想要拼貼
的圖案紙

平筆

塗上蝶古巴特專用膠

用筆在要貼圖案紙的地方塗上蝶古巴特專用膠。若貼圖處略有凹凸，圖案可能會貼不漂亮，所以請儘量選擇平整的地方黏貼。

將整體塗上膠

在貼好的圖案紙上，再塗上蝶古巴特專用膠，不只塗圖案的部分，整體都要塗覆專用膠。放在室溫中，待膠水完全變乾。

剪取圖案紙

配合黏貼處的大小剪裁圖案。除了可從英文報紙或雜誌上選取圖案裁剪外，餐巾紙的可愛圖案也很適用。平時若看到喜歡的圖案可先剪下來保存備用，需要用到時非常方便。

仔細地黏貼

為了不讓空氣進入圖案紙與素材之間，請仔細地黏貼。不要從周圍往中間黏貼，而是從正中央往上下左右撫平黏貼，才會貼得漂亮。

峰川流　輕鬆型染法

製作紙型時，若先在較厚的紙上影印圖案，可省下描繪的工夫。
我喜歡輪廓鮮明的圖案，所以用油性筆描繪輪廓線。

準備工具

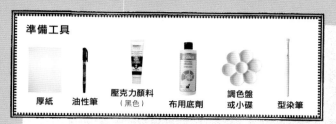

| 厚紙 | 油性筆 | 壓克力顏料
（黑色） | 布用底劑 | 調色盤
或小碟 | 型染筆 |

用油性筆描繪輪廓

在厚紙上影印圖案，再用美工刀切割
鏤空，製成紙型。將紙型放到布上，
用油性筆只描繪出輪廓。若想呈現斑
駁的感覺，不要畫輪廓線也行。

混合顏料和布用底劑

布用底劑（Fabric medium）是布料用
的定著劑。顏料中混入這種定著劑後，
即使洗滌也不會褪色。壓克力顏料中
需混入等量的布用底劑。

將型染筆沾取顏料

使用筆尖齊平，斷面呈圓形的大型專
用筆。為了避免顏料染到下面的布，
先在布下夾入數張紙，若紙型容易移
位，可用紙膠帶黏貼固定。

以敲打的方式上色

如同蓋印章一般，將筆尖和布保持垂
直，敲打般地上色，注意不要讓顏料
成團，請均勻地上色。

$Q \& A$

以下，整理出許多作法上常見的問題與解答，遇到困難時請參考。
不過作品有點小瑕疵會更有「味道」，請別太介意，繼續多方嘗試吧！

Question

**分別塗上黑色與白色時，
需要用紙膠帶遮蓋嗎？**

Answer 我很怕麻煩，所以都直接上色，不會用膠帶遮覆。不過遇到這種情況，我是先塗黑色，再塗白色。如果白色顏料稍微溢出，上面再用油性筆補塗就會變得不明顯。若遇到要用紙膠帶仔細遮覆的情形，顏料乾了之後紙膠帶不易撕除，所以我建議顏料塗好後，要立即撕下膠帶。

Question

**調色盤或筆上的壓克力顏料
乾了清洗不掉，怎麼辦？**

Answer 壓克力顏料乾了會變硬，不過沒乾之前用水可以洗掉，所以工具用完後，請立即水清洗。顏料即使沾到桌面等處，在未乾前都能用濕抹布擦掉無妨。作業途中顏料會逐漸變乾，所以訣竅是每次只取少量分次使用。顏料乾了變硬後，就只能用美術社販售的專用去除劑去除。

Question

**隨著盒子開合，
鉸鏈竟然鬆脫了？**

Answer 需要頻繁開合的地方，或是裝重物的盒子，若只用接著劑黏貼鉸鏈，恐怕很容易鬆脫。需要長時間使用時，建議最好還是用螺絲釘固定。可以使用鉸鏈所附的螺絲釘，不過我會在 DIY 量販店購買更長一點的螺絲釘來使用。如圖所示般中的順序呈對角線來安裝螺絲釘，完成後較不易鬆脫。

Question

**將木盒上色時，
可以不用壓克力顏料，
而用水彩顏料嗎？**

Answer 水彩顏料會滲透到素材裡，即使乾了遇水仍會暈開，壓克力顏料則具有不透明、不易滲透到素材裡的特性，作品完成後呈霧面質感。而且它乾了之後，具有防水性，即使遇水也不必擔心褪色的問題，改造時我建議使用壓克力顏料。49 元商店雖能買到，不過我是使用德蘭（Turner）生產的壓克力顏料（acryl gouache），它的顏色多、呈色漂亮，是我愛用的原因。

Question

**安裝鉸鏈後，
盒子兩側無法密合，怎麼辦？**

Answer 盒子的外形常有細微的凹凸，要接合的兩側盒子如果密合後再安裝鉸鏈，開合側就會留下縫隙無法密合。讓盒子在合攏的狀態下安裝鉸鏈，比較方便作業。安裝的訣竅是在接合的兩側盒子之間保留一張紙厚度的小縫隙，就不會失敗。

Question

**螺絲釘無法確實地旋入板材中，
該怎麼辦？**

Answer 如果板材太硬，就算用螺絲起子，螺絲釘也很容易錯位，難釘入其中。若碰到這種情形，先用錐子在旋入螺絲釘的地方鑽個小洞，將螺絲釘放在洞上，就能順利地用螺絲起子旋進去。使用電動鑽孔機時，先在板材上鑽孔，也能更順暢地作業。請注意孔別鑽得太大。

Question

配件黏錯位置，怎麼辦？

Answer 若用木工用白膠，需要一段時間才會乾，黏錯後馬上拆掉就行了。若用瞬間膠，黏貼後若只要往旁邊移動一點，還可以立即移位。移動後，請用專用的去除液或去光劑將黏膠去除乾淨。在文具店或49元商店等地方都能買得到去除液。

Question

安裝在盒蓋上的鎖具無法上鎖，怎麼辦？

Answer 將鎖具拆開，配件分開來黏貼，常會發生位置偏離無法鎖合的情形。先黏貼好下面的鎖具配件，確認鎖具能鎖合後，再黏貼上面的配件。若是初學者，建議最好在鎖具保持鎖合的狀態下黏貼。此外，用瞬間膠黏貼後，即使拉扯也拆不下來，不過黏貼後還是能馬上往旁邊移位，所以可以微調位置。

Question

手指頭沾到瞬間膠去除不掉，怎麼辦？

Answer 勉強去除，可能會弄破手指頭的皮膚，這點請注意。將手一面放入40°的溫水中一會兒，一面揉搓。如果這樣還是無法去除時，可用棉花沾取去光水或專用去除劑輕輕擦除。不過這樣會使手變乾燥，所以去除黏膠後，最好塗抹護手霜。衣服或桌子黏到瞬間膠，也可用去光水或去除劑去除。

Question

沒有型染用的厚紙怎麼辦？

Answer 沒有厚紙，使用透明資料夾也行，雖然它不能像紙一樣影印圖案。若用透明資料夾，請將它放在圖案上，用油性筆描畫。一般的影印用紙，用筆敲打過程中，顏料會滲漏，無法確實地印出圖案，絕對不建議使用。

Question

蝶古巴特的圖案紙中途破了怎麼辦？

Answer 薄紙很容易破，請勿隨意胡亂地塗抹接著用的蝶古巴特專用膠，要均勻地薄薄地塗抹。即使紙稍微破掉，貼合後圖案或文字若能自然接合，直接從上面塗抹蝶古巴特專用膠也沒關係。如果圖案紙破裂嚴重，無法自然接合，只好撕掉重新黏貼。用濕布擦拭便能乾淨去除。

Question

沒有型染筆這種專用筆，就不能型染嗎？

Answer 繪畫用筆的筆尖不是平的，無法在布上如蓋章般垂直敲打上色，建議最好還是使用型染專用的型染筆。將海綿切小塊，包在免洗筷的前面，再用橡皮筋固定，也可以代替型染筆，或者使用型染用噴漆，也很方便。

立即能用！峰川原創標籤 & 紙型

請影印在厚紙上，直接當作標籤使用。
也可以配合各種用途，放大、縮小調整尺寸後使用！

SCHATTIG

BONHEUR 24

UN JOUR LA JOIE , UN JOUR LA TRISTESSE,
TOUS LES JOURS LE SOURIRE.

A*

Remerciements

A living room is the gathering place
where a family and friends spend
time in a relaxed style. The furniture,
accessories, wall colors, flooring
and its textures all contribute
to the feeling of being warm and cozy.

You can create your own comfortable
hideaway from the world by making
some simple changes to your room.
The color of your walls, lighting, window
treatments and other accents can all make
a big impact on how you feel in a room.

FURNITURE WORKS

3256806
9454378
1574076
4679873
4497523

454548–
5389435
9735481
7284385
4972853
9738315
2537594
4973523
1975538

A living room is the gathering
place where a family and friends
spend time in a relaxed style. The furniture,
accessories, wall colors, flooring
and its textures all contribute
to the feeling of being warm and cozy.

RISUSU
LENIS 24

Gülümseme   Lächeln

Petit à petit,
l'oiseau fait son nid

Faisons tout nous-même !

Chez moi, c'est le plus agréable.

Un jour la joie, un jour la tristesse,
tous les jours le sourire.

Gülümseme

Vacances

FAISONS TOUT NOUS MÊME !

*Le bonheur c'est
le sourire du coeur.*

Temps de relaxation

Valkoinen

белый цвет

blanche

λευκον

http://www.am-home.com

SOURIRE TOUS LES JOURS.

улыбающееся лицо24

※請配合作品放大使用。P.102 的作品放大 180%。

結語

我高中三年級時，發生了阪神大地震。

我家雖然平安無事，

但姑母家卻倒塌，只能搬到組合屋中。

結婚後我搬到遠方，

生下第三個孩子時，

3月11日那天⋯⋯

我記得當時一直在等待遲遲未歸的丈夫。

在經歷六級多的劇烈強震後，

雖然我沒說出來，

但我心中有了這樣的想法：

人生變化無常，

因此，我希望永遠以100％正面積極的態度，

來面對家人與朋友。

本書介紹的不只是「用品」，

而是為了讓親愛的家人和朋友開心，

動手改造使他們更溫暖、舒適的東西。

因此，儘管這些手作品可能有點小瑕疵，

但是比買來的東西可愛無數倍。

49元商店不斷推出各種超可愛的用品。

「這個能用在哪裡呢？」光是這樣思考的時候我就很快樂，

動手製作時的興奮喜悅心情，

以及完成後的開心感更是讓我格外滿足。

如果有更多的人也能夠擁有如此美好的時光，我會非常開心。

『A＋M』峰川 AYUMI

風格生活 0018

OMG！超質感！超便宜！40款49元顏值100% 手作雜貨

作　　　者 —— 峰川 AYUMI
譯　　　者 —— 沙子芳
封面設計 —— 季曉彤
主　　　編 —— 陳慶祐
責任編輯 —— 簡子傑
責任企劃 —— 汪婷婷
董 事 長
總 經 理 —— 趙政岷
總 編 輯 —— 周湘琦
出 版 者 —— 時報文化出版企業股份有限公司
10803 台北市和平西路三段二四○號七樓
發行專線 ——（○二）二三○六一六八四二
讀者服務專線 —— ○八○○一二三一一七○五
（○二）二三○四一七一○三
讀者服務傳真 ——（○二）二三○四一六八五八
郵撥 —— 一九三四四七二四時報文化出版公司
信箱 —— 台北郵政七九～九九信箱

時報悅讀網 —— http://www.readingtimes.com.tw
電子郵件信箱 —— books@readingtimes.com.tw
第三編輯部
生活線臉書 —— http://www.facebook.com/ctgraphics
法律顧問 —— 理律法律事務所　陳長文律師、李念祖律師
印刷 —— 詠豐印刷有限公司
初版一刷 —— 二○一五年六月五日
定價 —— 新台幣 二六○元

SERIA DE TSUKURU PETIT-REMAKE ZAKKA & INTERIOR
©Ayumi Minekawa 2014
Edited by MEDIA FACTORY.
First published in Japan in 2014 by KADOKAWA CORPORATION.
Chinese（Complex Chinese Character）translation rights reserved
by China Times Publishing Company.
Under the license from KADOKAWA CORPORATION, Tokyo.
through Future View Technology Ltd.

＊ 書中的材料可至台灣的 icolor 商店購買

OMG！超質感！超便宜！40款49元顏值100%手作
雜貨/ 峰川AYUMI著；沙子芳譯. – 初版. – 臺北市：
時報文化, 2015.06
面；　公分
ISBN 978-957-13-6279-3(平裝)

1.手工藝

426　　　　　　　　　　　　　104007591

ISBN 978-957-13-6279-3
Printed in Taiwan

*Petit remake goods &
interior design made
from Seria*

*Petit remake goods &
interior design made
from Seria*